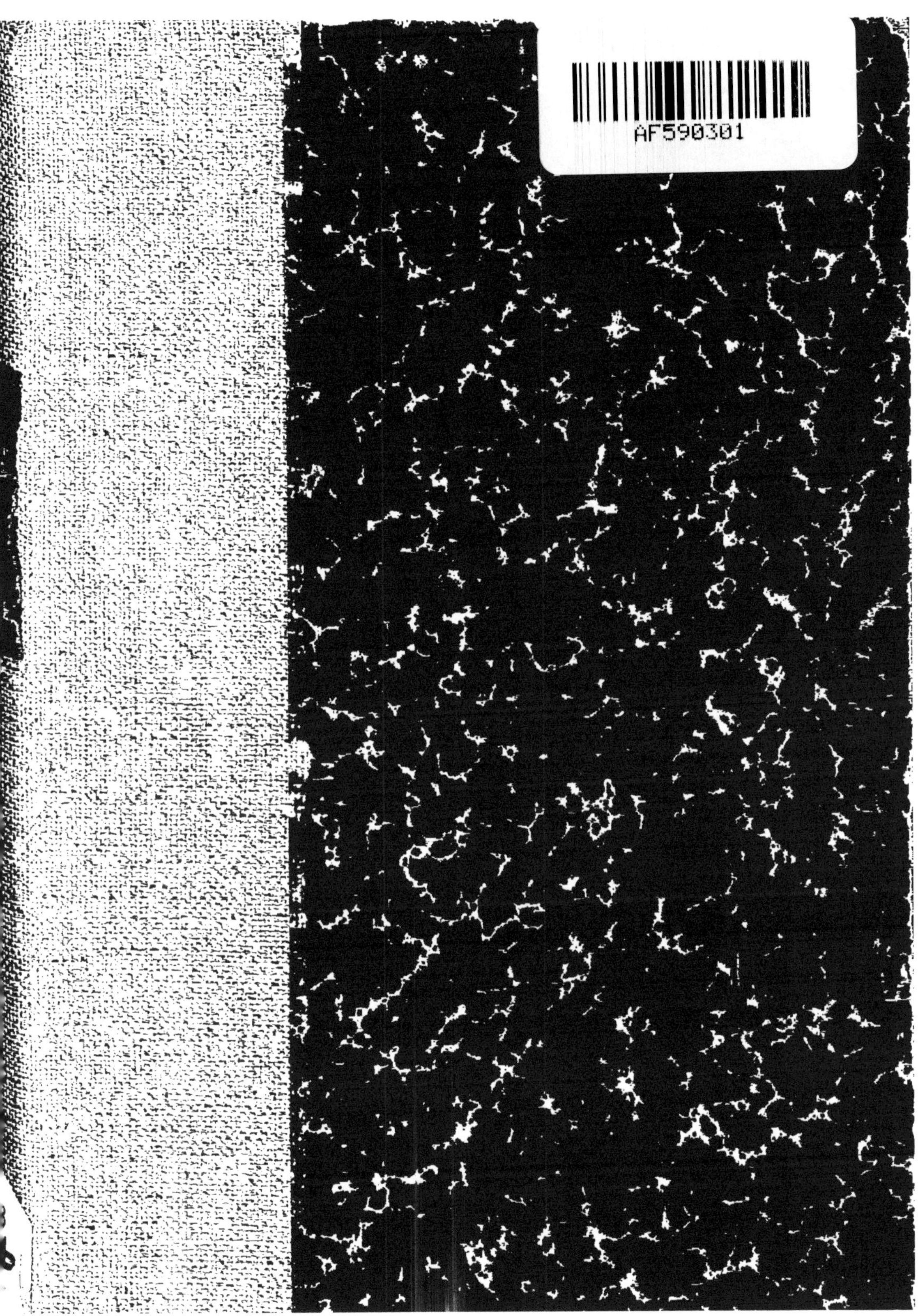

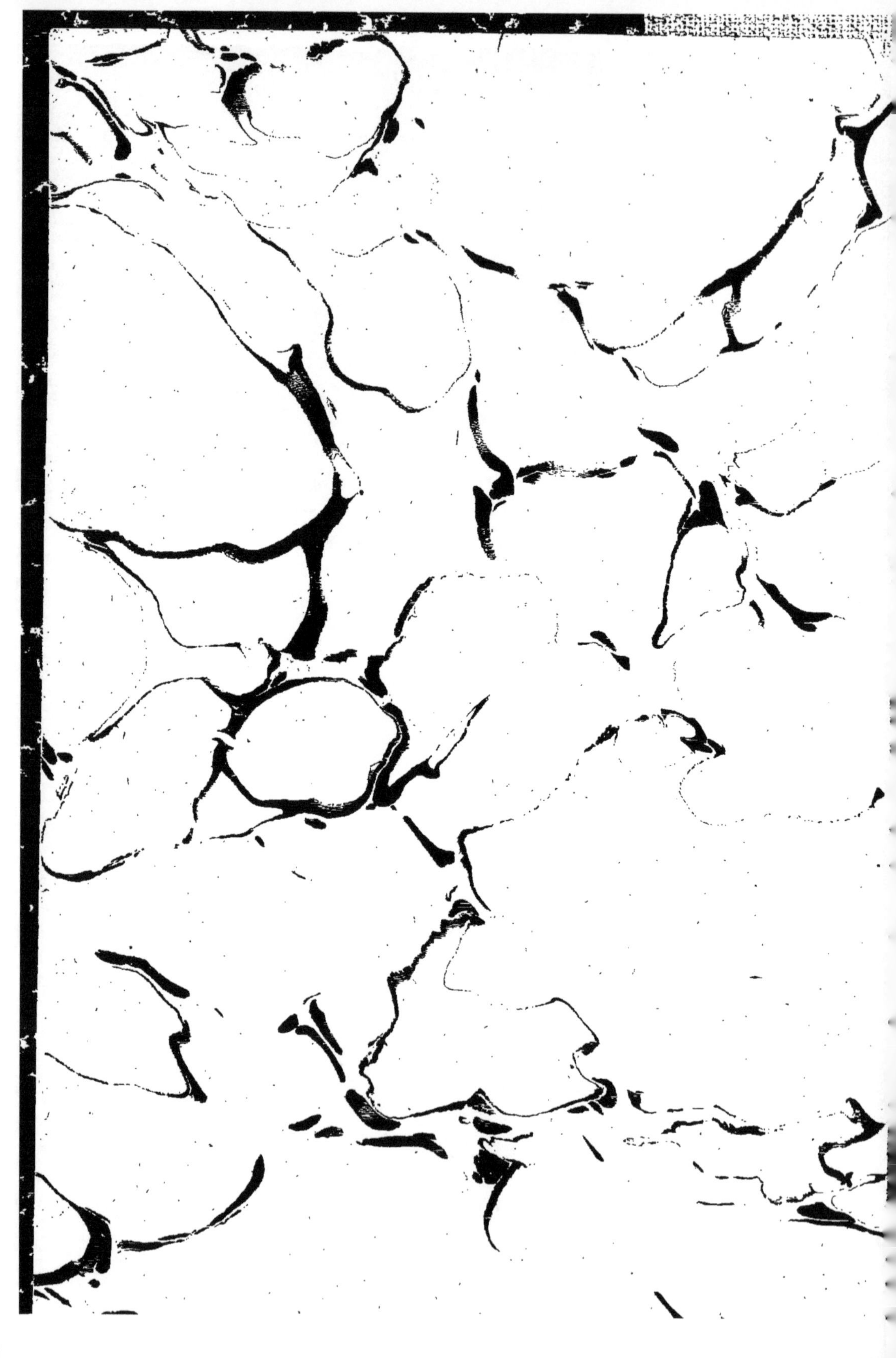

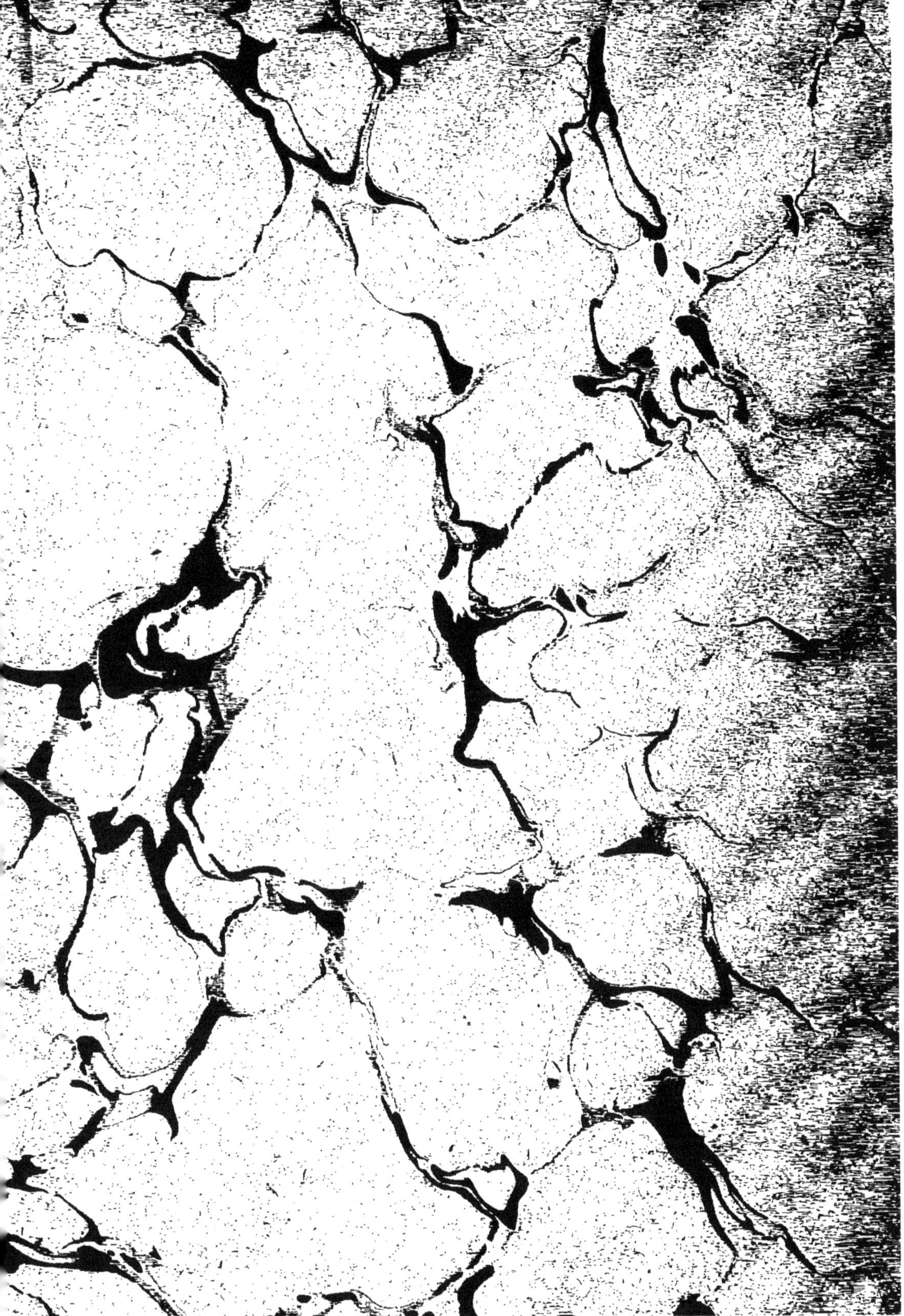

ORIENT

ÉGYPTE

Imprimé par Charles Noblet, rue Soufflot, 18.

ORIENT

ÉGYPTE

JOURNAL DE VOYAGE

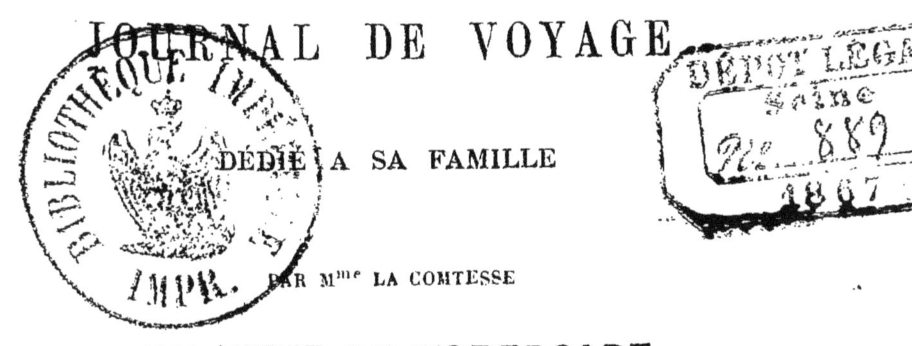

DÉDIÉ A SA FAMILLE

PAR Mme LA COMTESSE

JULIETTE DE ROBERSART

Auteur des *Lettres d'Espagne*

PARIS
VICTOR PALMÉ, ÉDITEUR-LIBRAIRE
25, RUE DE GRENELLE-SAINT-GERMAIN

1867

JOURNAL DE VOYAGE

DÉDIÉ A MA FAMILLE.

EN PLEINE MER.

A BORD DU *PÉLUSE*.

1er janvier 1864.

O beloved friends! que les flots de la vie vous soient doux, qu'ils n'aient pour vous ni tempête ni ouragan; que jamais leurs voix furieuses ne hurlent autour d'aucun de vous seul, dans l'immensité!.....

Que cette année vous soit bonne, qu'elle soit sainte!

Il y a aujourd'hui trois ans que ce jeune homme de tant d'espérance, ce frère aimé, — Raymond, — moissonné comme la fleur, gisait sur son lit de mort dans le triste château!..... trois ans!.....

Voilà donc le premier jour de l'an!

Mademoiselle de R. est malade, madame Waudru est malade, Xiste est malade. Aujourd'hui je vais bien, et comme j'ai promis de ne passer aucun détail, aussi menu qu'il soit, je reprends mon récit au départ de Paris. — Est-il possible qu'il n'y ait de cela que quatre jours!.....

Grâce à la recommandation de M. de F., on nous a laissées en paix sur le chemin de fer, dans notre caisse réservée, et sans pousser à nos oreilles, au milieu de la nuit, ces cris aigus dont on régalait les autres voyageurs, pour leur faire montrer leurs billets et les tenir en alerte. J'ai dormi comme la Belle au Bois, rêvant que vous voyagiez tous avec moi. Le 29 nous sommes arrivés à six heures du matin à Marseille. Nous avons pris des chambres, remis droits nos chapeaux qui étaient de travers, et été à la messe. J'ai dépêché à la Joliette la lettre de recommandation de M. de F., j'ai même eu le temps d'aller deux fois chez mademoiselle Lautare, de la trouver enfin, et de voir avec joie et tristesse sa douce et sainte figure amaigrie.

Au moment de quitter l'hôtel pour nous rendre au bateau, madame Waudru s'est aperçue qu'elle avait laissé le premier volume de l'*Itinéraire* dans sa voiture, à la gare. Il n'y a guère de livres en Orient; — malgré le danger de manquer le départ du bateau, elle est retournée au chemin de fer. La bonne Waudru a des ailes, et la première figure rouge, essoufflée, souriante, triomphante que j'aperçus en arrivant au lieu de l'embarquement, fut la sienne, son *Itinéraire* de Chateaubriand à la main. Enfin il fallut monter sur le *Péluse*; — le beau *Péluse*, peint, élégant, doré, confortable. — J'eus là une grande défaillance d'esprit; à dire vrai, si j'avais pu, si, si, si..... Eh bien! j'aurais tout abandonné, et je serais revenue de grand cœur. Je regrettais même Hyères et sa vie monotone, et le charme indolent des causeries au soleil. Mon cousin de *** dit souvent que presque tous les hommes, quand ils viennent de se marier, voudraient ne l'être pas, et déferaient des deux mains le nœud sacré, s'il n'était aussi le nœud gordien!

Comme j'aurais voulu rompre avec le beau *Péluse!* J'en étais à ce désir de divorce, quand un domestique m'apporta une lettre de la personne à laquelle j'étais recommandée à la Joliette. Cette personne, restée invisible, me recommandait à son tour au capitaine du *Péluse*, M. Joret.

Mathieu de la Drôme avait annoncé une furieuse tempête pour ce même jour 29 décembre, de sorte que la panique régnait à bord, et que les passagers, sauf les braves entre tous, s'étaient enfuis. Nous devions partir à deux heures. Les dépêches n'étant point arrivées, nous ne partîmes qu'à six heures. — Nous dînâmes; le commandant Joret me pria de m'asseoir à sa droite, et vis à vis de son aimable femme. Tout est soigné et bon. J'ai pour moi seule une très-grande cabine, mais rien n'empêche ma faible tête et mon bon cœur de se tourner et retourner, et d'avoir mal. Je ne me suis ni déshabillée ni coiffée depuis mon départ de Paris, ni couchée dans un lit, et je compte continuer jusqu'à Alexandrie cette pénitence digne de la reine Isabelle de Castille. Je déjeune, je dîne, mais sans bras ni jambes, et j'aime par-dessus tout la longue et immobile rêverie sur le pont. La mer est très-belle, mais très-dure; chacun souffre.

Nous mangeons au *violon*, c'est-à-dire qu'à cause du mouvement tout est attaché avec des cordes. Hier mademoiselle de R. m'a assuré qu'elle allait mourir et ne pouvait continuer, qu'elle resterait à Messine, et m'a engagée à en faire autant. Elle m'a dit aussi qu'elle venait de lire dans le *Guide Joanne* que les Égyptiens sont très-jaunes et très-laids, et que presque tout le monde devient ou borgne ou aveugle en Égypte; elle ajouta qu'elle ne voulait pas rapporter de ses voyages un seul œil pour pleurer, échappât-elle à la perte des deux. — Pensant à mon propre découragement de Marseille, j'eus grande compassion, et je la remontai de mon mieux.

Nous avons passé entre la Corse et la Sardaigne, et près des îles Lipari, jolis rocs un peu poudrés d'herbes vertes. Eole y habitait; il nous en a fait souvenir en élevant à notre approche un vent impétueux. Nous ne sommes point tombés de Charybde en Scylla néanmoins, et nous sommes arrivés très-secoués, très-souffrants, mais sains et saufs, à Messine, qui se déploie avec grâce au bord de la mer; nous y fîmes une halte de trois heures, et hier, à huit heures du soir, le commandant Joret et sa femme nous invitèrent à aller avec eux dans leur barque à Messine. Quelle joie de se retrouver sur terre! Nous avons couru dans toutes les rues, arpenté les places, frappé à la porte de la cathédrale qui est restée fermée; l'ombre de la nuit prêtait son charme aux monuments; tout m'a paru grand et noble. On dit que le jour la beauté disparaît et qu'il ne reste qu'une saleté effroyable, et des maisons branlantes et dégradées par le tremblement de terre de 1783.

Nous avons pris des sorbets et entendu un peu de musique dans un café. Les Siciliens qui y étaient nous ont paru distingués et courtois; malgré nos costumes avariés et nos coiffures faites de nos mouchoirs de poche et de nos fichus de laine, ils n'ont point souri. Madame Joret n'est jamais malade en mer. Ce petit bout de terre ferme remit le cœur de mon aimable et bonne compagne de voyage qui gazouillait gaiement. Hélas! doux oiseau, ses chansons sont finies ce matin, et moi-même je ne puis en écrire davantage, il faut que j'aille respirer. Aïe!... ô mon petit cœur, que tu me fais mal; et qu'il a mal aussi de tout ce qu'il a laissé au pays!

Dimanche 3 janvier 1864, sur le pont.

La journée d'hier a été terrible: — quelle souffrance! aussi je vous regrette moins, ô mes très-chers! — Point de tempête, mais des vagues moutonnantes dont l'écume balayait le pont. Je fus obligée de descendre, et aussitôt descendue j'entrai en agonie jusqu'à ce matin où l'air m'a remise; il a même remis mademoiselle de R... et Xiste, qui se sentait « *tomber faible*, » disait-il. La plus malade, et qui fait vraiment pitié, est la pauvre madame Waudru.

Nous avons à bord un père jésuite très-distingué, le père Boileau, et un récollet, le père Marie. Celui-ci est presque toujours malade, il a vingt-cinq ou vingt-six ans. Il y a aussi deux petits enfants charmants. Quand le *Péluse* fait la correspondance de l'Inde, il en emmène quelquefois jusqu'à quarante-cinq. Nos deux petits anges ont le mal de mer; les poules et les serins même qui sont sur le bâtiment s'en ressentent, et ouvrent leurs petits becs.

Nous arriverons ce soir à Alexandrie et nous débarquerons demain matin. Nous avons fait la traversée en cinq jours. Bientôt! bientôt!! tous nos maux seront finis! Puissé-je, les yeux au ciel, en dire autant à ma dernière heure!...

J'étais trop malade, je n'ai pu voir Candie, que nous avons longée. Plus célèbre sous le nom de Crète, elle avait cent villes autrefois, et reçut jadis les lois de Minos. On y voyait le fameux labyrinthe. Phèdre naquit dans l'île de Crète.

Deux heures du matin.

Nous sommes arrêtés, l'ancre est jetée, et la célèbre Alexandrie est là devant nous, mais enveloppée d'ombre. La nuit est douce et magnifique; Cassiopée est depuis longtemps allumée sur nos têtes, ainsi que les innombrables flambeaux qui éclairent les inconnues et mystérieuses profondeurs des cieux. Là, sur ce pont de navire et près de ces rivages immortels, le père Boileau nous a parlé comme un apôtre et comme un saint, et nos cœurs s'élançaient vers le Dieu des pèlerins et des voyageurs, et le bénissaient!...

Ces jours derniers j'ai demandé au père Boileau ce qu'il avait ressenti en quittant pour toujours les rivages de France. « Une grande joie, » m'a-t-il répondu simplement.

Ce saint jeune homme est un professeur plein de science et de douceur. Il va évangéliser la Terre-Sainte.

Lundi 4 janvier 1864, à l'aube du jour.

Je ne puis décrire le tableau que j'ai devant les yeux : Alexandrie la célèbre, la grande ressuscitée, lève enfin la tête, sort de son tombeau et montre à ses amis *alarmés* ses deux cent mille enfants, ses mâts, ses palais.

Pour moi du pont du *Péluse* je cherche des yeux ses palmiers et le désert ; je pense aux lointains souvenirs d'Alexandre, de Cléopâtre, de César, de la Thébaïde, au petit berceau flottant sur le Nil, à Joseph et aux Pharaons, à la fuite en Egypte, à saint Louis, à Napoléon, à Aboukir, aux Belges qui se sont si fièrement battus aux Pyramides et partout.

Voilà donc l'antique et mystérieuse Egypte, la mère des sciences ! bientôt je verrai ses hiéroglyphes, les grandes figures à bec d'oiseau de ses rois et de ses dieux, les pyramides, Thèbes, les cataractes !

Les grèves sablonneuses et plates se déploient comme un large ruban jaune. Le port a des dangers, il est hérissé d'écueils et de bancs de sable ; on ne peut traverser les passes étroites et sinueuses qu'en plein jour, et avec un pilote du pays : nous l'attendons. Du pont on voit des moulins à vent, des palmiers, le palais du vice-roi, et des constructions qui de loin font un grand effet, le phare moderne, le lieu du célèbre Pharos, etc. Alexandrie eut toujours deux ports séparés autrefois par l'Heptastadion ou la jetée des sept stades faite par un Ptolémée ; le port neuf est encombré de bâtiments.

Alexandrie, même date, le soir.

Nous avons débarqué à huit heures du matin. M. Abade, maître de l'hôtel Abade, prévenu, eut la bonté de venir nous chercher lui-même au bateau, et de nous éviter tous les ennuis de porte-faix et de douane. Nous ne sommes point montés sur les jolis ânes bien bâtés qui attendent les voyageurs aux coins des rues ; on a fait avancer un omnibus qui nous a cahotés par des rues boueuses et sans pavé, au milieu d'Arabes, de noirs Abyssins, d'esclaves, de nègres, de cheicks élégants, de chevaux, d'ânes, de mulets, de chameaux, de femmes voilées, de pauvres en guenilles pittoresques, de riches vêtus de jaune, de blanc et de bleu. Quel coup d'œil! quelle animation! La température a la douceur de celle de la France au mois de juin; le soleil pendant le jour était éclatant, le ciel bleu foncé.

Nous avons été nous reposer dans un jardin où il n'y avait que fleurs jaunes grandes comme la main, arbres pourpres, palmiers, bananiers et plantes inconnues à l'Europe. — Nous croyions rêver! Paris à notre départ était couvert de neige et de boue.

Nous sommes en grands pourparlers afin de décider si nous irons d'ici ou du Caire à Suez.

Alexandrie n'a pas un cachet oriental assez prononcé; toutes les constructions des différents styles et des différents âges s'y mêlent; tous les costumes, tous les nationalités y sont confondus. C'est une ville de commerce, les négociants y font de rapides fortunes. Les Arabes ne sont plus, hélas! ces beaux princes de l'Orient tels qu'ils m'apparurent au Maroc dans leurs grands plis blancs et leur mélancolie rêveuse et calme; les fellâhs sont laids, sales, à peine vêtus; beaucoup d'entre eux mettent quelque oripeau d'Europe, des brodequins éculés, un vieux paletot, un vieux chapeau noir. — Cependant la scène est curieuse, mais comme le Caire est, après Constantinople, la plus belle ville de l'Orient, je réserve mes descriptions pour elle.

Le fils du consul de Belgique, le vicomte Zizignia, m'a dit que les Arabes sont craintifs, battus, opprimés, mais d'une intelligence très-grande, et si fidèles qu'on peut tout leur confier ; les vols et les crimes sont commis par les Européens. Hélas! hélas! voilà qui doit arrêter la conversion des musulmans.

Nous avons été en voiture à la colonne de Pompée, le long du canal Mahmoudieh, et à l'aiguille de Cléopâtre. La vue est grande, mais elle est sévère, elle s'étend sur des ruines et sur des terrains incultes où s'élevaient les bibliothèques et les incroyables magnificences de la ville d'Alexandre. La colonne de Pompée, disent les Orientaux, fut apportée du fond de l'Égypte sur le dos d'un Arabe appartenant à la race des *géants*. Elle a trente mètres de haut et neuf de circonférence ; elle est en beau granit rouge poli. L'adulation y a gravé plusieurs noms, sauf celui du grand Pompée qu'on s'obstine néanmoins à lui donner. Peut-être appartint-elle au fameux Sérapéum. Le canal Mahmoudieh se confond en partie avec l'ancien canal de Canope, fait par Alexandre. Les *aiguilles de Cléopâtre* sont deux obélisques de granit rose de vingt et un mètres de haut, couverts d'hiéroglyphes. L'un est debout, l'autre est renversé et en partie couvert de sable ; ils marquaient, croit-on, l'entrée du temple élevé à César et à Césarion, son fils, par la célèbre reine d'Égypte, qui avait fait enlever ces obélisques au grand temple d'Héliopolis.

Alexandrie a vingt et un siècles d'existence, elle fut fondée en 332 avant Jésus-Christ par Alexandre le Grand, sur une langue de terre entre le lac Maréotis et la Méditerranée, à l'embouchure occidentale du Nil. L'île de Pharos, plus tard reliée au continent par l'Heptastade, l'abritait au nord. Dinocrates, qui venait de relever le temple d'Éphèse brûlé par Érostrate, dirigea les travaux et la bâtit en un an. Le commerce en fit la reine du monde ; les vaisseaux grecs, romains, carthaginois, abordaient dans ses deux ports ; les caravanes de

Damas, de la Mecque, de la Perse y arrivaient par terre; elle touchait aux Indes par la mer Rouge. Il a fallu la mort inévitable que le gouvernement turc traîne après lui pour lui enlever sa longue suprématie. Sous les Lagides, neuf cent mille habitants se pressaient dans ses murs, qui entouraient un circuit de quatre lieues; ses deux rues, l'une longue de onze cents pas, l'autre de cinq mille, toutes les deux larges de cent pieds, droites, bordées de palais, rafraîchies de fontaines, plongeaient sur la mer azurée et séparaient la ville en deux quartiers, le *Bruchion* ou quartier des palais, et le *Rhacotis* ou quartier du peuple. Les palais et les places, dont les principales beautés avaient été dérobées à Thèbes et à Memphis par les Lagides, étaient admirables. Sur un rocher battu des flots, Sostrate construisit la tour blanche de Pharos, haute de quatre cents pieds, qui fut la septième merveille du monde; de son sommet on voyait une étendue de quarante lieues. Je remplirais mon journal de la nomenclature seule des monuments, ports, fontaines, canaux, aqueducs, bains, théâtres, cirques, places, temples de Neptune, de Sérapis, palais de

Lachias, musée, bazars, cæsarium, timonium, ville souterraine des morts, etc., etc.; le Sérapéum, tout en marbre, fut un des temples les plus renommés du monde, ses murailles intérieures étaient recouvertes de feuilles de cuivre, d'argent et d'or; la statue de Sérapis, faite des pierres et des métaux les plus précieux, touchait de ses deux bras les murailles opposées du temple; elle avait la figure d'un vieillard à barbe et à cheveux blancs, ayant trois autres têtes : à droite celle d'un chien, à gauche celle d'un loup, et au milieu celle d'un lion. Un serpent les liait ensemble. Sérapis portait sur sa tête humaine un boisseau, emblème de la fertilité de la terre. On montait par cent marches au temple. Sa bibliothèque ne le cédait guère à celle du muséum, qui possédait quatre cent mille volumes rares et curieux.

Cléopâtre détrônée, dont on a peine à vanter l'éclat de la beauté, quand on songe à l'éclat de ses vices, appela Jules César à son secours. César mit le feu au Bruchion où étaient le palais royal et la bibliothèque, et quatre cent mille volumes furent brûlés.

L'apôtre Saint-Marc devint en l'an 60 le premier évêque d'Alexandrie et y fonda la plus célèbre des églises patriarcales. Son école fit éclore les Clément, les Origène, les Athanase, les Pamphile, les Eusèbe, etc., etc. Mais bientôt la rage des païens, les disputes, les hérésies désolèrent cette ville savante. — Qui n'a déploré la mort de la belle Hypatie, mise en lambeaux et dont les membres épars furent traînés par des fanatiques dans la rue? On l'appelait le philosophe; elle était païenne et enseignait publiquement. La foule se pressait autour d'elle, émerveillée et ravie de sa science mathématique, de son éloquence et de sa beauté.

Alexandrie eut bien des revers sous les Romains, mais les Arabes lui donnèrent la mort : Amrou, lieutenant d'Omar, la prit en 640. Tout le monde connaît la réponse célèbre du kalife Omar, consulté sur ce qu'il fallait faire de la bibliothèque du Sérapéum : « Si ces livres ne contiennent que ce qui est dans l'Alcoran, ils sont inutiles ; s'ils contiennent autre chose, ils sont dangereux. » Et tout ce que le génie et la science avaient jusque-là produit de plus beau en ouvrages d'art, de philosophie, d'histoire, fut envoyé aux bains publics et aux fours, qu'ils servirent à chauffer pendant six mois. Ainsi périrent en deux fois les sept cent mille rouleaux de volumes. Quand Amrou entra dans Alexandrie, quoique la ville fût déjà déchue, on y comptait encore quatre mille palais, quatre mille bains et quatre cents places ; à présent on ne sait plus même l'endroit des plus vastes édifices ! Bonaparte s'empara de la capitale de la Basse Égypte en 1798.

Les belles églises de cette ville, célèbre aussi par ses saints, ses conciles et sa foi, ont disparu; les modernes n'ont point de beauté. On montre la mosquée des Septante bâtie dans l'île de Pharos, au lieu, croit-on, où les Septante, interprètes envoyés à Ptolémée Philadelphe par le grand-prêtre Éléazar, firent la traduction des livres saints.

Qui n'a lu la description du cortége funèbre d'Alexandre, ramené du fond de l'Asie dans la ville qu'il avait fondée, par Ptolémée, un de ses douze lieutenants que sa mort faisait rois ? Le char, traîné par seize mules magnifiques, ceintes de couronnes d'or et ornées de colliers de pierres précieuses, portait un cénotaphe d'or, large de huit coudées et long de douze, orné de rubis, d'escarboucles et d'émeraudes, et soutenu par des colonnettes d'or. Alexandre, étendu sur des fleurs et des aromates, était couché dans un cercueil d'or massif. Au-dessus de ce cercueil et de ce cénotaphe étincelait une immense couronne d'or et de pierreries d'où pendaient des guirlandes de fleurs. La garde macédonienne et le bataillon des Perses entouraient en silence la dépouille du héros; puis venaient la musique, les éléphants, la cavalerie.

Les Anglais enlevèrent d'Alexandrie, à la fin du siècle dernier, le tombeau en granit d'Alexandre le Grand et le transportèrent à Londres.

Que de choses on peut faire en peu d'heures! Aujourd'hui, j'ai eu le temps de me reposer, de mettre avec délices des habits tout frais, d'apprendre quatre mots d'arabe : *bachich* qui répond à *dringkell* des Belges, à *bona mano* des Italiens, à *pourboire* des Français, *mafish*, non, rien, laissez-moi, *taïjeb*, bien, je suis de votre avis, et *Yskanderiè*, nom arabe d'Alexandrie, de voir les bazars très-laids, le grand quartier européen, la place tout européenne des Consuls, de m'arrêter toute une demi-heure devant deux ours qui se promenaient et dansaient dans la ville, etc., etc.

Nous nous décidons à ne pas aller à présent à Port-Saïd ni à Suez ; nous quitterons demain Yskanderiè par le chemin de fer, et non certes par le canal qui relie cette ville au Caire.

Le Caire, mardi soir, 5 janvier 1864.

Nous voilà au Caire après sept heures de chemin de fer. On mettait autrefois sept jours pour faire par eau, et au gré et aux caprices des vents, le même trajet.

Rien ne pourra donner une idée de la bagarre qui régnait ce matin à l'embarcadère d'Alexandrie, des cris des fellâhs en longue robe de toile bleue, demandant le *bachich*, de la colère des chefs les battant avec une canne ou un nerf d'hippopotame, des allées et venues des femmes voilées, des Nubiens, des nègres du Soudan, des rires des négrillons;

du piétinement des ânes, des braiments rauques des chameaux. Tout cela nous a fait deux heures de retard et le plus pittoresque tableau. Les voitures du chemin de fer sont bonnes ; les fellâhs se parquent et s'entassent par quarantaines en troisième. Les portières s'ouvrent et se ferment, les billets se demandent et se prennent par des Égyptiens, qui ont l'air de diables en pantoufles jaunes. En voyant ces impayables employés, quel étonnement gai nous avons eu ! On passe au milieu de champs de coton. Nous avons vu des troupeaux de chèvres coiffées d'oreilles plates et mâchurées, formant une sorte de bonnet de donneur d'eau bénite.

Les villages sont très-curieux : les maisons sont en terre cuite au soleil, les palmiers profilent leur douce majesté au-dessus des fermes et de ces fragiles constructions.

Le ciel est bleu, le soleil est doux, les brises sont parfumées, l'ibis grave et blanche se mêle aux troupeaux ; des nuées de sarcelles volent sur les marais; le milan et le vautour roux rasent la terre ou s'élèvent en tourbillonnant. Voici donc le Nil ! le Nil merveilleux et antique, aux sources cachées!.....

Le Caire, mercredi 6 janvier 1864.

En arrivant ici, nous n'avons trouvé de place nulle part à cause des courses de chevaux que le vice-roi donnait hier pour la première fois. Enfin, nous avons un gîte offert avec une réelle complaisance par l'hôtel de l'Europe.

J'ai vu le vice-roi Ibrahim-Pacha revenant des courses; il était en voiture et entouré d'une garde nombreuse à cheval, vêtue à peu près comme les zouaves français. Ibrahim a trente-cinq ans; il nous a salués avec grâce et m'a paru bel homme. Il portait un costume européen, sauf le tarbouch. Sa voiture, faite à Paris, était traînée par quatre chevaux magnifiques. Il passe pour le plus riche souverain de l'univers.

Nous avons parcouru quelques quartiers importants. Méhémet-Ali, cet homme d'un génie si vaste et si ferme qui donna à l'Égypte sa grandeur actuelle, a fait des plantations qui ont assaini et rafraîchi le climat, de telle sorte que l'été est beaucoup plus supportable au Caire qu'autrefois. Il a créé les magnifiques allées de l'Esbeykié et de Shoubra, faites de sycomores ou d'acacias gigantesques tels que l'Europe n'en produit jamais. Des sycomores, des mimosas, des orangers, des grenadiers, des figuiers de Pharaon, des palmiers s'élèvent de tous côtés; et quand, du haut de la citadelle ou d'un minaret, vous contemplez la ville au travers de leurs feuillages, vaste, blanche, avec ses coupoles, ses tours, ses fines aiguilles, si délicatement travaillées, son immensité et le désert fauve autour d'elle comme un serpent, l'aspect est véritablement grand, est véritablement saisissant! Quelques rues sont larges, beaucoup d'allées sont vastes, le reste est une sorte de couloir entre de hautes murailles, sans fenêtres ni portes pour ainsi dire, ni pavés.

Dans les rues larges et dans les bazars et les allées, les tableaux les plus merveilleux se reforment sans cesse. C'est ici le paradis de l'artiste. L'animation est plus grande encore que celle de Londres; et les couleurs éclatantes, et les longues draperies des costumes, et les visages d'ébène du Soudan, et les yeux noirs des femmes voilées, et les turbans donnent au spectacle un relief et un attrait singuliers.

Au milieu de la foule des ânes couverts de housses rouges, galopent en tous sens, emportant l'Arabe grave et silencieux, le levantin élégant, la femme mystérieuse entourée d'esclaves, précédée d'un coureur et de domestiques, l'Européen un peu honteux de ses longues jambes pendantes. Les pachas passent vêtus de l'étroite redingote du Nizam, montés sur des chevaux de sang caparaçonnés, portant couverture et harnais d'or, et entourés de serviteurs. D'innombrables chiens vont et viennent ou sont couchés sur la voie, sans qu'on leur fasse aucun mal; des troupeaux de moutons serpentent dans la foule, des chameaux conduits par l'Arabe du désert marchent gravement, pesamment; ils posent avec maladresse leurs pieds mous sur le sol; ils font entendre un grognement et ruminent. Des fellâhs à pied, en robes bleues, chargés d'outres monstrueuses, vendent à boire ou arrosent les rues; des derviches, leurs hauts bonnets sur la tête, des cophtes sombres et taciturnes vont à leurs affaires ou à leurs mosquées; des marchands ambulants de pantoufles, d'armes, de sorbets, vous assourdissent de leurs cris ; des femmes du peuple, enveloppées dans des pièces de coton bleu, portent à cheval un enfant sur l'épaule ; le marchand, assis nonchalamment, fume son chibouck. Les barbiers savonnent des têtes nues et rasées. On court, on s'agite, on crie : *Guarda! guarda!* Les coureurs qui précèdent les voitures européennes, légers comme le vent, bariolés de toutes les couleurs de l'arc-en-ciel, faisant flotter leurs longues manches blanches comme deux ailes, vous épouvantent de leurs hurlements et vous font vous précipiter à chaque pas dans une boutique, contre un mur, dans les pieds d'un cheval ou d'un chameau.

Le Caire, jeudi 7 janvier 1864.

Quelle journée *pyramidale* que celle d'hier! Le commandant Joret et sa femme nous ont proposé d'aller avec eux aux *pyramides*. J'ai eu un éblouissement : voir ces montagnes faites de main d'homme, qui existaient peut-être avant le déluge, est mon rêve depuis l'enfance.

Je savais que la pyramide de Chéops a quatre fois la hauteur de la colonne Vendôme, et soixante-quinze millions de pieds cubes. Un savant de l'Académie (Fourier) a calculé qu'avec ses pierres on ferait une muraille de dix pieds de haut, d'un pied d'épaisseur, qui couvrirait une étendue de six cent soixante-cinq lieues. Bonaparte a trouvé qu'il pourrait en tirer une muraille de deux mètres de haut de mille lieues de tour, qui enfermerait la France entière ; enfin avec les trois pyramides de Gisch qu'on appelle Chéops, Chéphren et Mycérinus, on bâtirait une ville plus grande que Londres !

Puis le mystère qui est attaché à ces herculéennes constructions : qui a pu transporter ces pierres énormes, et par quels moyens? étaient-ce les palais des prêtres égyptiens où l'initié subissait ces épreuves épouvantables qui coûtaient parfois la vie? étaient-ce des observatoires, des greniers ou des tombeaux, ou l'immense barrière des sables du désert? Hérodote dit par deux fois que Chéops est enterré au-dessous de la grande pyramide. Le sphinx a bien gardé son secret : malgré les fouilles,

les hiéroglyphes déchiffrés, le sarcophage trouvé, les savants en sont encore aux conjectures. Je ne puis résister à copier les pages naïves du seigneur d'Anglure qui vivait au XIVe siècle. Voici comment il décrit les pyramides, qu'il appelle des greniers.

« Quand nous fûmes venus à iceux greniers, « il nous sembla être la plus merveilleuse « chose que nous eussions vue en tout le « voyage pour trois choses seulement; la pre- « mière fut pour la grande largesse qu'ils ont « par le pied de dessous, car ils sont quarrés « de quatre quarres, en chacun quatre l'on « peut trouver neuf cents pieds mesurés et « plus; la seconde pour la grande hauteur « dont ils sont, et sont ainsi comme à la façon « d'un fin diamant, c'est à savoir très-larges « dessoubs et très-aigus par-dessus; sachez « qu'ils sont si très-hauts que si une personne « était au-dessus, à peine pourrait être aper- « çue, néant plus que une corneille ne sem- « blerait-il être gros ne grand; la tierce chose « fut pour les très-nobles et gros ouvrages « dont ils sont faits de grosses et grandes « pierres taillées bien, et qui peut avoir puis-

« sance d'en tant amasser illic, et d'icelles
« pierres si noblement asseois comme elles
« sont, et vismes adonc que sur l'un d'iceux
« greniers, ainsi comme au milieu en montant
« avait certains ouvriers massons, qui à
« force desmuraient les grosses pierres taillées
« qui sont la couverture desdits greniers, et
« les laissaient dévaler aval, d'icelles pierres
« sont faits la plus grande partie des beaux
« ouvrages que l'on fait au Caire et en Baby-
« lone, et que l'on y fist de long-tems, et nous
« fut juré et certifié par icelui truchement
« qu'illec estait avec nous, et par autre ainsi,
« que jà estaient mille ans passés que l'on avait
« commencé à escorcher et descouvrir iceux
« greniers, et si ne sont que à moitié descou-
« verts et jà pour ce ne pleut, ne pleuvra de-
« dans, car c'est trop noble maissonnage et
« faut qu'il soit moult épais. Ainsi, nous fut-
« il dict que en celles pierres que l'on descend
« d'iceux greniers, le Soudan y prend les deux
« parts du proffit qui en ist, et les massons
« l'autre tiers, et sachez que iceux massons
« qui icelui grenier descouvrant et qui n'es-
« taient que ainsi comme au milieu en mon-

« tant, que à peine les pouvons-nous aperce-
« voir, ét n'en sceumes rien jusques nous
« vismes cheoir les grosses pierres comme
« muitz à vin que iceux massons abattaient,
« nonobstant que nous oyons bien les coups
« de marteau, mais nous ne sçavions que c'es-
« tait. Vous devez sçavoir que cesdits greniers
« sont appelés les greniers de Pharaon, et les
« fit faire icelui Pharaon au temps que Joseph,
« le fils de Jacob, fut tout gouverneur du
« royaume d'Égypte par l'ordonnance d'iceluy
« roy, c'estait pour mettre en garder fromens
« pour un cher temps que iceluy Joseph
« avait prophétisé estre advenir au royaume
« d'Égypte, selon le songe d'iceluy roy Pha-
« raon, si comme il est escrit plus amplement
« au texte de la sainctê Escriture.

« Tant qu'est à parler d'iceux greniers par
« dedans, nous n'en pourrions proprement
« parler, car l'entrée dessus est murée, et
« par-devant sont très-grosses tombes, et nous
« fut dict qu'illec est le monument d'un Sar-
« rasin; celles entrées furent murées, pour
« ce qu'on y avait coustume de faire fausses
« monnoies, et tout bas sur terre à un pertuis

« auquel nous fûmes moult avant par-des-
« soubs icelui grenier, et n'est pas du haut
« d'un hôme. C'est un lieu moult obscur et
« mal flairant pour les bestes qui y habitent.»

Les pyramides de Gisèh sont à quatre lieues et demie du Caire. Un Égyptien, couvert du tarbouch, conduisit notre voiture; un autre, au teint jaune, nous servit de drogman. Nous avions un coureur rapide comme le vent, terrible comme la tempête, qui battait, culbutait, épouvantait tout ce qui se rencontrait sur notre passage. Nous traversâmes des rues étroites, garnies de moucharabis, balcons de bois ou plutôt sortes de logettes souvent d'un travail exquis, d'où les femmes riches regardent dans la rue sans être aperçues. Nous avons vu des boutiques de quelques pieds carrés et des gargoulettes de vendeurs d'eau qui ont la même forme que celles retrouvées dans les tombeaux datant de trois mille ans avant Jésus-Christ.

Le costume porté par le peuple est celui des temps des Pharaons, et tel que les peintures sépulcrales et céramiques l'ont transmis; il se compose d'une longue tunique de coton bleu de ciel, brune ou rouge, et de grandes draperies de couleurs foncées jetées par-dessus. Les femmes du peuple, vêtues à peu près de même, s'enveloppent avec style. Quand elles portent une amphore sur la tête, elles ont l'air de statues égyptiennes.

O passé! ô rêves! ô rêves!! je vous sens voltiger autour de moi. Suis-je éveillée!... Je n'en crois ni mes yeux, ni mes souvenirs. Le 28 novembre j'ai quitté Paris par la neige et le vent; ici le soleil est plein d'éclat et j'aperçois penché sur un mur un buisson de magnifiques roses jaunes, et je vois s'animer et prendre vie les pages de l'histoire des siècles reculés, et les mœurs et les coutumes de ces temps-là. Ah! que nos yeux du dix-neuvième siècle, fatigués de tableaux uniformes et prosaïques, sont charmés et éblouis! — Nous traversâmes rapidement le vieux Caire et nous descendîmes au bord du Nil au-dessus de l'île de Roudah. On fit monter nos ânes dans une barque à voiles latines. Nous nous assîmes dans une autre et nous voguâmes quelques instants sur les eaux du fleuve, du grand fleuve des Pharaons, que j'ai tant appelé de mes vœux. Un vent glacé a soulevé les vagues, j'ai eu froid.

Le chemin qui mène aux pyramides et à Memphis passe dans une forêt de palmiers. — Une forêt de palmiers !! Moi, qui regardais avec enchantement les sept palmiers épars de Rome. Cette forêt vous fait penser à un édifice immense, et aux colonnes innombrables des mosquées ; il semble que la main d'un architecte habile a placé chaque arbre, et on ne se trompe pas, c'est le grand, le sublime architecte qui est l'ouvrier, et le peintre incomparable qui a étendu les plaines verdoyantes aux pieds des trois colosses de pierre, et derrière eux le désert inondé de lumière. Oh ! c'est un grand tableau ! Un docteur, vieux Allemand, bien bourré de science, a compté dans un espace de dix lieues jusqu'à soixante-sept pyramides ; elles sont toutes dans la partie inférieure de l'Égypte moyenne. Celles de Gisèh et de Sakkarah sont les plus célèbres. Quand on dit : les pyramides, on ne parle que des trois de Gisèh aux pieds desquelles Napoléon s'est écrié : Soldats, quarante siècles vous contemplent. On prétend, il est vrai, que

Bonaparte n'a rien dit de semblable; mais où nous arrêter en fait de négation? Mademoiselle de Blois, qui était Autrichienne, que Dieu ait sa belle âme si remplie de saintes et originales vertus! nous répétait souvent : « Mes petits amis, n'allez pas croire que les Français et Napoléon soient jamais entrés à Vienne; il n'y a que des jacobins pour dire mensonge pareil. »

Nous marchions à âne, c'est la monture générale du pays; ils sont mignons, doux et gentils à croquer, cachant sous des formes sveltes la force d'Hercule. Leur trot est aussi moelleux qu'il est dur d'ordinaire. Mon âne semblait un peu dolent, j'avais un jeune Égyptien qui le houspillait. Celui du commandant Joret était un vrai dragon et courait comme le vent. Nous avons vu en passant les fours à incubation de Giseh; on y fait éclore, par une chaleur artificielle de trente-huit à quarante degrés centigrades, des milliers de poulets en vingt et un jours. Cette coutume a toujours existé en Égypte, et le père Sicart porte le nombre total des poulets qui y naissent de cette façon à cent millions. On ne les compte pas, on les vend au boisseau ; chaque boisseau coûte de cinquante centimes à un franc. Quand le petit poulet-orphelin vient au monde, il se met à courir en piaulant de toutes ses forces, puis il cherche un petit grain à manger ; cependant il peut vivre quatre à cinq jours dans le four sans qu'on lui donne rien.

Nous avançâmes dans la plaine pendant deux heures et demie. Le sphinx apparaît longtemps avant l'arrivée avec sa mystérieuse figure de femme et ses pattes, longues de cinquante-cinq pieds, dont une partie est cachée sous le sable que le vent du désert a amoncelé. Quand nous nous sommes trouvés au pied des pyramides, nous avons gardé d'abord le silence, et enfin mademoiselle de R. et moi nous nous sommes dit : « N'est-ce que cela ! » — N'est-ce que cela ? et pourtant la pyramide de Chéops, dépouillée de son revêtement, a encore cent trente-sept mètres de hauteur, ce qui fait quarante et un mètres de plus que la coupole de Saint-Pierre de Rome ; celle de Chéphren, cent trente-cinq mètres ; et avant qu'on eût arraché le revêtement, cent quarante ; elle égalait, à deux mètres près, la tour de Strasbourg. La troisième, la pyramide de Mycérinus, a soixante-six mètres de haut, vingt-trois mètres de plus que la colonne Vendôme ; la largeur actuelle de chacune des quatre faces de Chéops est de deux cent vingt-sept mètres trente centimètres, et de Chéphren, deux cent dix mètres. Est-ce ce cadre du désert fait de la main de Dieu qui écrase les plus gigantesques ouvrages de l'homme ? Sont-ce les proportions admirables des pyramides qui noient leur grandeur dans l'ensemble ? Est-ce parce que leur largeur égale à peu près leur élévation ? Je ne le sais ; le fait est que le premier moment est une déception et qu'on n'a l'idée de la grandeur de ces masses de pierre que par comparaison, et en voyant les Arabes à leurs pieds, qui semblent gros « comme des corneilles. »

Il y a dans la chaîne de rochers tout près des pyramides des cavernes sépulcrales où l'on s'arrête pour passer la nuit. Nous n'avons rien fait de pareil, nous sommes revenus coucher au Caire.

D'abord nous descendîmes dans les ruines du temple du Sphinx, nouvellement désablé :

les colonnes sont des monolithes gigantesques de granit. Des Arabes, armés de fusils et de pistolets, des Nubiens, des nègres nous firent une garde pittoresque; chacun nous voulait conduire, hurlait et gesticulait; autrefois les Bédouins pillaient et égorgeaient. Le commandant Joret m'en attacha trois. J'étais loin de prévoir le cauchemar que j'allais avoir, quoiqu'éveillée. A-t-on rêvé qu'un couloir sans lumière se rétrécit peu à peu et vous étouffe; qu'une pierre vous tombe sur la poitrine; que vous êtes sans air, ne respirant que la vapeur des tombeaux; que des figures atroces vous entourent? Tout cela n'est rien en comparaison de l'intérieur de la grande pyramide, qui fut ouverte, puis refermée et réouverte il y a peu de siècles. On alluma des bougies, nous entrâmes dans ces ombres éternelles. Il nous fallut nous courber jusqu'à terre, ramper, escalader d'immenses blocs de pierre, nous hisser le long d'un abîme sur un plan incliné, soutenus par des Arabes qui pour moi m'entraînaient avec la rapidité du vent et qui néanmoins avaient l'odieuse présence d'esprit de me frapper dans le dos en criant : *Bachich ! bachich !* Ils chantaient aussi un air si funèbre que j'ai songé à la vestale enterrée vivante. Quand nous sommes arrivés un à un dans la chambre du roi , nous étions haletants, couverts de sueur, les yeux dilatés, mademoiselle de R. et moi sans parole, comme dans un rêve affreux où on ne peut ni parler, ni crier. Les chauves-souris nous frôlaient le visage. Il a fallu une grande habileté et de prodigieuses recherches pour trouver l'entrée de la chambre du roi, qui était masquée par des pierres immenses de granit glissant sur elles-mêmes. L'entrée même de la pyramide a été pendant des siècles un mystère impénétrable ; mais, à un jour de justice, le mystère s'est dévoilé et le potentat vaniteux a été arraché de son sommeil de quatre mille ans et porté... au musée ! O vanité ! !.....

Aucune inscription n'a été trouvée dans la chambre du roi, qui renferme un sarcophage en granit rouge sans ornement. On croit que le peuple, irrité, voulut que le nom de ce despote, dont le terrible orgueil l'avait accablé d'un labeur si effroyable, pérît à jamais.

Le Pharaon qui construisait cette pyramide y employait cent mille hommes, dont soixante-quinze mille périrent; au moins telles sont les traditions recueillies.

Le plafond de la chambre du sarcophage, qui est à quarante-trois mètres cinquante centimètres au-dessus du sol, est plat, la chambre elle-même est assez grande. Les Arabes voulurent y exécuter une danse fantastique à la lueur des torches, et au bruit des échos retentissants; le commandant Joret s'y refusa : ce lieu n'est propre qu'à la danse macabre. Nous nous demandâmes s'il était possible de croire qu'on eût entassé plus de vingt millions de mètres cubes de pierre pour enfermer une chambre sépulcrale qui n'a pas vingt-cinq mètres de tour. O sphinx ! ô sphinx ! dis-nous ton secret. Pour sortir on revient sur ses pas, ce qui est plus difficile encore que l'ascension. Nous nous engageâmes donc avec nos Arabes, et un à un, dans une sorte de vestibule, puis dans une galerie descendante de cinquante mètres de long. Le puits, dont on ne connaissait pas la profondeur, est près de la grande galerie; il est bouché depuis quelques années. La chambre de la reine se trouve, je crois, juste au-dessous de celle du roi, mais seulement à vingt-deux mètres au-dessus du sol. De galeries en galeries, presque toujours rampant et suffoquant, plutôt précipité que soutenu par les Arabes, on arrive au couloir qu'il faut remonter et où deux rails de marbre sont séparés par un abîme. Ces deux rails servaient-ils à monter ou descendre les cercueils? servaient-ils à conduire le char d'épreuve de l'initié, qu'on précipitait peut-être dans le puits qui n'est pas loin? On ne le sait. Enfin j'arrivai au jour, et à l'entrée, qui est à vingt mètres de l'assise inférieure au nord. La course avait été si rapide que mon cœur battait à se rompre. Ah! quel plaisir terrible! Je m'assis sur une pierre au grand vent, et pendant un quart d'heure je ne pus ouvrir les yeux. Mon inquiétude fut grande au bout de ce temps de ne pas voir mademoiselle de R... J'appelai le commandant Joret, qui me dit que mademoiselle de R... se trouvait dans un tel état de fatigue qu'elle avait désiré se reposer dans la pyramide. Longtemps après, je la vis sortir de l'antre épouvantable, sans parole, presque suffoquée, et elle se laissa tomber, comme moi, sur le sol.

Madame Émery, dans un état encore plus violent, s'il se peut, que le nôtre, arrivait à ce moment-là à terre; elle avait poussé le courage jusqu'à monter au-dessus de la pyramide. Je n'ai pas même osé y songer; on est dans le vide, glissant sur une arête de pierre pendant cent trente-sept mètres. Les pierres ont quatre pieds de haut; deux Arabes vous tirent, deux autres vous poussent; rien n'est plus facile que de tomber et de se tuer. La descente offre encore plus de difficultés que la montée. Du sommet, la vue, paraît-il, est admirable : le Nil, ses campagnes fertiles, le Mokattam, les dômes, les minarets du Caire, les pyramides d'Abouroach, les champs de Memphis, les montagnes de la Libye, le désert, tout ce tableau, revêtu des teintes du ciel d'Afrique, est autour de vous.

Madame Emery porte à la joue la cicatrice profonde du coup de sabre qu'elle reçut en volant au secours de son père, consul à Suez, assassiné par les Arabes il y a quelques années.

La pyramide de Chéphren est à cent cinquante pas de celle de Chéops ; elle lui est presque égale en hauteur ; son sommet se termine en pointe, mais le cube de sa base est beaucoup moindre. Belzoni y a pénétré, et dans le grand sarcophage il a trouvé les ossements d'un bœuf, probablement le bœuf Apis, qui partageait avec le Pharaon les honneurs de la sépulture. Être enterré avec un bœuf, voilà où un sage, où un savant de la savante Egypte, où un Pharaon tout-puissant mettait l'honneur suprême. Hélas ! qu'est donc la sagesse humaine laissée à elle seule ! Je me souviens d'avoir un jour entendu dire au grand et vénéré pontife Pie IX : « Il y a des choses qui « par elles-mêmes sont bonnes dans le monde, « et qui deviennent mauvaises quand on ne leur « donne pas pour base la véritable religion. » — Ainsi et surtout est la raison.

La pyramide de Mycérinus n'a que soixante-six mètres de hauteur. La largeur de ses faces est de cent sept mètres soixante-quinze centimètres. Il y a encore trois petites pyramides ; l'une a été bâtie par la fille de Chéops, dont l'histoire vante la beauté et non pas la vertu. Toutes les pyramides étaient admirables, revêtues de granit rose qu'on a arraché pour construire le Caire. Les pyramides reposent sur le roc ; elles sont faites de belles pierres tirées des carrières voisines, sauf les revêtements de marbre et de granit et de jaspe d'Ethiopie. Pendant que le soleil parcourt l'hémisphère boréal, c'est-à-dire pendant six mois, les pyramides ne projettent point d'ombre à midi au-delà de leurs bases, et deux fois l'an, aux environs des équinoxes, le soleil passe à midi sur leur sommet et son disque s'y repose pendant un instant comme sur un piédestal.

Pline a traduit ce passage que tous les historiens ont copié : « On avait gravé, dit Hérodote, en caractères égyptiens, sur une des faces de la grande pyramide, ce qu'on avait dépensé simplement pour les aulx, les poireaux et les oignons. Celui qui interpréta cette inscription me dit que cette dépense se montait à seize cents talents d'argent (quatre millions cinq cent mille francs de notre monnaie). Si cela est vrai, combien doit-il en avoir coûté pour les outils de fer, pour le reste de la nourriture, pour les habits des ouvriers ! etc. — Cent mille ouvriers étaient constamment occupés à ce travail ; ils étaient relevés de trois mois en trois mois par un nombre égal, et néanmoins la pyramide seule, sans y comprendre la construction de la chaussée, ne fût achevée qu'au bout de vingt ans. »

Les tombeaux qui sont auprès de la seconde pyramide sont remplis de peintures et de bas-reliefs qui ont rapport aux fêtes religieuses, aux actions privées ou aux exercices des Egyptiens : les semailles, le battage des blés, la chasse, la danse des almées, les jeux, les guerriers, les juges, etc. Ces chambres sépulcrales étaient, croit-on, les hypogées des personnages de la cour de Pharaon. Les trois rois qui ont construit les trois grandes pyramides appartiennent à la quatrième dynastie memphite.

Nous retournâmes auprès du sphinx taillé dans une pointe saillante de la montagne libyque. Un Arabe monta sur sa tête, qui est tellement endommagée qu'on ne peut juger de l'expression de douceur et de finesse qu'on lui attribue ; elle a une ouverture qui a exercé l'imagination : les uns ont pensé que c'est là l'entrée mystérieuse des pyramides, et d'autres la porte du royaume souterrain que certains prêtres d'Isis étaient obligés d'habiter. La face a neuf mètres de haut, et la longueur du sphinx, dont le nom propre est Armachis, est de cinquante-sept mètres. Le stèle qui est entre ses pattes représente le roi Thouthmès offrant un sacrifice. Les quatre angles de la pyramide de Chéops sont orientés aux quatre points cardinaux avec une précision qui a permis de constater que l'axe du monde n'est point changé depuis quatre mille ans. Les trois pyramides sont placées de l'est à l'ouest, en ligne droite, sur un immense plateau rocheux, coupé autrefois par des chaussées et couvert par de petites pyramides et des temples élevés aux divinités du sombre Amenti, royaume de la mort. «Toute la montagne libyque, dit Michaud, était couverte de sphinx, d'obélisques, de colonnades, de mausolées que les arts avaient ornés. Cette métropole du trépas avait aussi ses fêtes et ses solennités. Quel spectacle elle devait offrir lorsqu'on y célébrait quelques grandes funérailles, lorsque les portes des temples, roulant sur leurs gonds d'airain, annonçaient qu'une des grandeurs de la terre était descendue dans l'Amenti, et qu'un Pharaon, suivi de tous les pontifes et de tout son peuple en deuil, venait prendre sa place dans une de ces pyramides que nous voyons encore debout ! »

Le Caire, vendredi 8 janvier 1864.

On m'avait dit que les derviches exécutent le zikr ou exercice pieux, d'ordinaire le vendredi, mais les renseignements étaient incomplets sur l'heure, le lieu et même le jour. Nous nous promenions ce matin dans une allée magnifique ; un levantin monté sur un âne blanc de la Mecque, couvert d'une housse couleur de pourpre, passa auprès de nous. Nous lui parlâmes des derviches, il nous répondit avec sang-froid : « Les derviches hurleront à deux heures et « tourneront à trois. » Il nous indiqua le lieu.

Les ministres de la religion se nomment *ulémas*. Ils gardent et interprètent les lois. Le corps des ulémas comprend les *muphtis* ou docteurs de la loi, les *ismans*, les *cadis* ou ministres de la justice.

Le mot derviche ou dervis vient du persan et veut dire *pauvre*. Les derviches font vœu de pauvreté, ils vivent dans le célibat et s'occupent principalement de la prédication ; leur grand couvent ou tekké est à Konièh, dans la Caramanie. Ils jeûnent avec excès, tournent, hurlent et entrent dans des sortes d'extases qui font une grande impression sur le peuple. Ils font un noviciat de mille et un jours. S'il manque à la plus légère observance, le novice est obligé de le recommencer.

Nous fûmes fidèles à l'heure indiquée, mais on nous apprit qu'il n'y avait plus de derviches *hurleurs* au Caire, que nous allions voir les mévélvis ou derviches tourneurs qui pirouettent sur le talon du pied droit.

C'est fort extraordinaire. Quand nous entrâmes dans le tekké, les tourneurs étaient accroupis dans une salle circulaire entourée de colonnes. L'iman, séparé d'eux par une assez grande distance et étendu sur un beau tapis d'Alep, semblait grave et recueilli. Il jouit d'une certaine célébrité comme savant et comme homme *éclairé*. La musique, composée de flûtes, de darboukas et d'autres instruments du pays, jouait sur ce rhythme doux et bizarre impossible à noter, et qu'on entend partout en Orient, partout et pour tout : pour les mariages, pour les enterrements, pour les fêtes, sur le Nil, etc.

A un signal de l'iman, la troupe se leva ; elle était composée d'une quinzaine d'hommes couverts de grands manteaux de couleurs éclatantes et diverses, qui portaient sur leurs longs cheveux le bonnet de feutre antique, gris, élevé, sans bord, semblable (sauf la matière, heureusement pour eux) à un grand pot à fleurs renversé. Ils marchèrent autour de la salle, faisant des glissades et des saluts chaque fois qu'ils passaient devant le tapis vide de l'iman qui conduisait leur file. A certaines notes aigues tombées des flûtes, des darboukas, des hautbois du lutrin, ils déposèrent leurs manteaux, étalèrent avec gravité la longue queue de leurs robes, qui pour la plupart étaient blanches, et commencèrent à tourner avec ordre et lentement sur eux-mêmes, les bras croisés sur la poitrine; puis, s'animant, ils étendirent les bras, tournèrent plus vite, les uns les yeux fermés, les autres noyés dans une sorte d'extase, la figure penchée. Cette danse a quelque chose de sacré. L'iman n'y prend point part. Elle dura trois quarts d'heure, sans qu'aucun des derviches tourneurs s'embarrassât dans la longue queue de son voisin. Quand elle fut finie, ils se baisèrent la main entre eux, on les revêtit de leurs manteaux et ils sortirent. J'étais entrée rieuse, je sortis grave et triste : Pauvre humanité ! Pauvre raison humaine !

Ce jour-là nous avions une voiture en maroquin rouge, le bel Abdallah pour drogman, et un méchant Egyptien pour cocher. Il fit pirouetter ses chevaux, les tourna, cria, tapa de telle sorte que mademoiselle de R. et même la brave madame Waudru descendirent, montèrent et redescendirent encore, car les derviches avaient véritablement jeté un sort sur les chevaux, et enfin il nous fallut escalader à pied la colline qui conduit à la citadelle. Le chemin est rude, souvent taillé dans le roc. La citadelle est une sorte de ville au pied du Mokattam, et séparée du Nil par le vieux Caire ; elle date du grand Saladin, le héros des ballades. Malheureusement Méhémet-Ali détruisit en 1829 le palais de Saladin pour construire sur son emplacement une mosquée très-vantée, qui fait un grand effet et qui au fond a peu de mérite. Elle resplendit d'or, ses colonnes sont en albâtre oriental, elle est couverte de riches tapis. Quand nous y entrâmes un iman y prêchait, entouré d'auditeurs attentifs, car c'est aujourd'hui vendredi, le jour de prière de l'islam. J'ai vu au travers de la grille le tombeau de Méhémet-Ali, qui m'a paru très-orné.

Le divan de Joseph n'existe plus, ses colonnes de granit, couvertes d'hiéroglyphes et enlevées probablement à Memphis, ont été brisées. Auprès de la grande mosquée est le puits de Joseph. Quel Joseph? Est-ce Saladin, fils d'Ayoub? Pour moi j'aime mieux la tradition qui l'attribue au fils de Jacob. Ce puits a quatre-vingt-quinze mètres de profondeur. Je n'y suis pas descendue, quoique cela se puisse faire facilement, et par conséquent je n'en décrirai pas le bel ouvrage ni les prodigieuses norias. Le palais du pacha est à l'extrémité méridionale. Le panorama qu'on découvre du haut des murs est immense et fait croire qu'on est vraiment dans une ville qui a quatre cents mille âmes peut-être. Les minarets s'élancent comme une forêt; les palais, les places, les palmiers, le Nil, le désert s'étendent à l'infini, les pyramides achèvent le tableau.

Nous allâmes voir le saut du Mameluck. En 1811 Méhémet-Ali fit convoquer à la citadelle, comme pour une fête, la garde turbulente et terrible des Mamelucks. Dès que les portes furent fermées, le massacre commença sous les yeux impassibles du pacha. La tuerie fut épouvantable. — Un seul Mameluck, Emin-Bey, croit-on, échappa. Il s'élança dans une profondeur de cent pieds avec son cheval et s'enfuit sans blessure.

Mameluck est un mot arabe qui veut dire *esclave*. L'origine de cette milice, composée de jeunes Circassiens et d'habitants de la Mingrélie enlevés dans différentes excursions, remonte aux invasions de Gengis-Khan. Elle s'établit en Egypte en l'an 1230. Les Mamelucks formèrent une légion des plus beaux et des plus braves soldats, et en 1254 ils placèrent sur le trône d'Egypte leur chef Noureddin-Ali, qui seul des rois mamelucks échappa à une mort violente. En 1517 Sélim les dépouilla de l'autorité et les plaça sous un pacha, ce qui ne les empêcha pas d'être encore redoutables et de se couvrir de crimes, de telle sorte que la barbarie féroce de Méhémet-Ali en 1811 trouva des approbateurs.

Voici quelques-uns des détails qu'a recueillis M. Mangin. « Toussoun-Pacha, fils de Méhémet-« Ali, partant pour l'expédition de l'Arabie, « devait recevoir de son père la pelisse d'in-« vestiture et traverser la ville en grande pompe « pour se rendre au camp par la porte des « Victoires. Le 1er mars 1811, de bonne heure, « tous montèrent à la citadelle (les beys et les « soldats). Châhyn-Bey y parut à la tête de sa « maison. Il vint avec les autres beys présenter « ses devoirs au vice-roi, qui les attendait dans « la grande salle de réception. Il leur fit servir « du café et s'entretint avec eux. Lorsque tout « le cortége fut assemblé, on donna le signal « du départ, et chacun prit le rang que lui avait « assigné le maître des cérémonies. La tête de « la colonne eut ordre de se diriger vers la porte « El-Azab donnant sur la place de Roumeïleh. « Le chemin qui y conduit est taillé dans le « roc; il est étroit, difficile et escarpé, des « angles saillants empêchent deux cavaliers de

« passer de front dans certains endroits. Dès « que les Dehlys et les Aghas furent sortis, « Saleh-Koch (commandant des Albanais) fit « fermer les portes et communiqua à sa troupe « l'ordre d'exterminer tous les Mamelucks. « Les Albanais se retournèrent à l'instant, et « gravirent le sommet des rochers qui do- « minent le chemin pour se mettre à l'abri des « atteintes de leurs adversaires, et les frapper « plus sûrement : ils firent feu sur eux.

« Ayant entendu les coups de fusil, les der- « nières troupes tirèrent de leur côté du haut « des murailles où elles s'étaient mises à cou- « vert. Les Mamelucks, qui étaient arrivés à la « première porte, voulurent prendre un autre « chemin pour retourner dans la citadelle, « mais, ne pouvant manier leurs chevaux à « cause de la position difficile où ils étaient en- « gagés, et voyant que beaucoup des leurs « étaient déjà tombés morts ou blessés, ils « mirent pied à terre, abandonnèrent leurs « chevaux et ôtèrent leur premier vêtement. « — Ils retournèrent sur leurs pas le sabre à « la main. Personne ne se présentait à eux, « mais on les fusillait de l'intérieur des mai-

« sons. Châhyn-Bey tombe percé de balles « devant la porte du palais de Saladin. Soli- « man-Bey-el-Baouad courut implorer la pro- « tection du harem du vice-roi. »

En Orient, quand un homme poursuivi atteint la porte de l'appartement des femmes, et qu'il crie : *Fijard-el Harym*, *sous la protection des femmes*, on lui fait grâce de la vie.

« Ce fut en vain : on le conduisit au palais, « où le prince ordonna de lui trancher la tête.

« Aussitôt les troupes eurent ordre d'arrêter « partout les Mamelucks ; le cadavre de leur « chef Châhyn-Bey fut traîné çà et là la corde « au cou.

« La citadelle ressemblait à une arène en- « sanglantée ; les morts mutilés encombraient « les passages. On voyait partout des chevaux « richement harnachés, étendus à côté de leurs « maîtres, des saÿs percés de balles, des armes « brisées et des vêtements couverts de sang. « Toutes les dépouilles devinrent la proie du « soldat. On comptait le matin quatre cent « soixante-six Mamelucks à cheval, un seul « échappa au massacre.

« Le Génois Mendrici, un des médecins de

« Méhémet-Ali, entra dans l'appartement où « il se tenait, et, s'approchant de sa personne, « il lui dit avec un air de gaieté : « L'affaire « est faite, c'est un jour de fête pour Votre « Altesse. » Le prince ne répondit rien. « Il « demanda qu'on lui donnât à boire. Les rues « étaient encombrées de monde pour attendre « le défilé du cortége. — Châhyn est tué, cria « une voix. — Au même instant, tous les ma- « gasins furent fermés, et chacun s'empressa « de rentrer promptement chez soi. Les sol- « dats pillèrent les maisons des proscrits ; l'un, « voulant s'emparer du bracelet que portait « une femme, lui coupa le poignet. Le meur- « tre et le pillage durèrent pendant plusieurs « jours. »

La citadelle est le siége du gouvernement. On y voit les Ministères, la Monnaie, la Fonderie de canons, l'École militaire, des ateliers d'équipement et une imprimerie. Je m'en suis fait grâce.

Quand nous fûmes réinstallés dans la voiture, notre cocher égyptien ne voulut pas marcher. J'avais vu battre les fellâhs, je dis à Xiste de se contenter de secouer le bras de celui-ci. Xiste est très-prudent, il me dit : « On « ne sait pas ce qui peut arriver. » Il peut arriver qu'il marchera, lui répondis-je. Enfin, Xiste se décida, il lui secoua le bras en lui montrant son parapluie. Le cocher marcha à l'instant et nous conduisit à la mosquée du sultan Hassan, sur la place Roumeïleh. Chaque fois que nous entrons dans une mosquée, on nous fait ôter nos souliers ; quelquefois on nous met des babouches ; quelquefois nous marchons sur nos bas, et, malgré cette humilité, ce n'est que par une tolérance très-grande et nouvelle qu'on laisse pénétrer les chrétiens dans les sanctuaires d'Allah.

La mosquée d'Hassan, la plus belle du Caire et ouvrage excellent du XIVe siècle, tombe malheureusement en ruines. Elle est très-grande et d'une noblesse sévère, telle que l'exige un édifice religieux. Les riches stalactites sculptés aux angles m'ont rappelé ceux d'Espagne. Le tombeau d'Hassan, la vaste cour, la fontaine, le mirahb en marbre de diverses couleurs, les arcs gigantesques, le dôme et le minaret élevés attirent l'admiration. Nous avons visité plusieurs autres mosquées qui renferment des morceaux d'un grand mérite. Le Caire en possède plus de quatre cents; les anciennes seules sont d'un bon style.

Nouvelle prise avec le cocher égyptien quand nous sommes remontés en voiture; nouvel ordre à Xiste de lui secouer le bras; grand succès encore, mais de courte durée, et le cocher finit par nous déclarer que l'heure de son travail était passée, et à grand'peine voulut-il consentir à nous ramener à l'hôtel. Pendant ce temps, M. et madame Joret étaient allés visiter le barrage du Nil. Quand j'eus appris que, terminé, ce barrage, dû à Linant-Bey (M. Linant de Bellefonds, ingénieur français), aurait été le plus grand ouvrage hydraulique du monde, je n'y voulus point aller; rien ne m'attriste comme un grand projet avorté.

Il le faut bien, faisons un peu de topographie. Le Caire, ville moderne, est bâtie sur la rive droite du Nil, à la pente occidentale du mont Mokattam; elle a deux ports, Boulak et Fostât, et un canal appelé Khalig; elle a dix-huit milles de circuit. On y comptait, il y a quelques années, vingt-cinq mille maisons en briques, deux cent quarante rues, quarante carrefours, cent vingt bazars, treize cents okels ou khâns, entrepôts de marchandises, onze cent quatre-vingt-dix cafés, quatre cents mosquées, trois cents citernes, trois cents écoles, soixante-dix bains publics, quatre grandes places : l'Esbekyèh, qu'on voit d'abord en arrivant au Caire, centre européen et élégant planté de mimosas et de toutes sortes de beaux arbres sous lesquels la musique retentit sans cesse et où toutes sortes de jeux divertissent les Egyptiens; le Birket-el-Fil, sorte de grand marécage au milieu du quartier arabe, et les deux places Roumeïleh et Karameïdan, au pied de la citadelle.

La rue la plus importante est le Mouski ou quartier franc, qui s'éleva sous Saladin. Beaucoup de petites rues et de *haret*, c'est-à-dire quartiers, ont des portes qui se ferment chaque soir.

Le Caire est fortifié, et compte soixante et onze portes. Les plus belles sont Bâb-el-Foutouh, portes des Victoires; Bâb-en-Nasr, porte de la Conquête, et Bâb-el-Touloun. Combien y a-t-il d'habitants au Caire? Voilà une question qui n'a jamais été résolue et on varie entre trois cent soixante et quatre cent mille âmes. La population se composerait, croit-on, de trois cent mille musulmans, et le reste se diviserait en Coptes, en Francs, en Arméniens, en Grecs, et en juifs, ceux-ci au nombre de cinq mille. Les chrétiens des différents rites ont une trentaine de chapelles ; les catholiques possèdent une petite église desservie par les Pères Franciscains de Terre-Sainte.

Gowhèr, général des sultans du Moghreb, conquit l'Egypte en 669 au nom de son souverain El-Moër. Il éleva un peu au-dessus de Fostât une ville qu'il nomma El-Kahirah, *la Victorieuse*, dont les Européens ont fait le Caire ; elle devint la capitale de l'Egypte. Les Arabes l'appellent Mesr (Egypte). Gowhèr entoura sa cité de briques, et Saladin d'une enceinte de pierres.

Bonaparte s'en empara en 1798, et les Anglais, qui la rendirent aussitôt à la Porte, en 1801. *Fostât*, appelé improprement le vieux Caire, fut fondé par Amrou, général du khalife Omar, à l'époque de la conquête de l'Egypte en 640, à peu près sur l'emplacement du château appelé Babylone, et là où il avait planté sa tente, car Fostât veut dire tente.

Les Sarrasins brûlèrent cette ville en 1168, de peur qu'elle ne tombât aux mains des Croisés ; l'incendie dura cinquante-quatre jours. L'île de Roudah, qui s'étend en face du vieux Caire, possède le Nilomètre, en arabe Mékyâs, destiné à mesurer les crûes du Nil.

Boulâk, faubourg du Caire, en est à deux kilomètres à l'ouest ; on y va par de magnifiques allées. Choubra est un lieu de plaisance, créé par Méhémet-Ali, à une lieue au nord de la capitale ; les allées qui y conduisent, plantées d'acacias et de sycomores, ne sont pas moins belles que celles de Boulâk.

Après la prise de Damiette par les Croisés, le cardinal-légat Pélage résolut de marcher sur le Caire, malgré les remontrances de Jean de Brienne et d'un grand nombre de guerriers ; il rejeta avec hauteur les propositions du frère de Malek-Kamel et s'avança avec une armée si nombreuse que les Sarrasins comparaient les fantassins à *un nuage de sauterelles* ; l'harmonie n'y régnait guère. « Les Romains, dit la Chronique de Tours, au milieu desquels se trouvait le légat, ne cessaient d'étaler leur orgueil les Espagnols et les Gascons, de faire entendr leur babil facétieux, les Allemands, de montre l'entêtement de leur caractère; la milice de Français, que l'on reconnaissait à leur modes tie, à la simplicité de leurs mœurs et à l'écla de leurs armes, s'était réunie autour du roi d Jérusalem avec les Hospitaliers et les Templier et se tenait loin du bruit et des clameurs, tou jours prête à repousser l'attaque des Sarrasins Les Génois, les Pisans, les Vénitiens, les Croi sés de la Pouille et de la Sicile, campaient su le rivage du Nil, chargés de la garde des vaisseaux. Le débordement du Nil surprit l'imprudente armée chrétienne; il fallut songer à regagner Damiette. Le roi Jean de Brienne fi des prodiges de valeur; il rejeta dans le Ni les bataillons d'Ethiopiens, semblables, dit Olivier, à une troupe de grenouilles qui sauten dans les marécages. Mais le sultan du Caire fi lever les écluses; « *l'eau coula sur la tête d ceux qui dormaient;* » les Croisés erraient au hasard, poursuivis par l'ennemi et les flots débordés. Il fallut capituler et rendre Damiett (1221). Les chrétiens de cette ville ne voulaient point croire à cette honte. Mais tous les maux s'étaient abattus sur eux : les maladies, la famine, l'inondation ; l'armée allait périr. Jean de Brienne se rendit à la tente de Malek-Kamel. « Le roi s'assit devant le soudan et se « mit à plorer, dit la Chronique. Le soudan « regarda le roi qui plorait, et lui dist : Sire, « pourquoi plorez-vous? — Sire, j'ai raison, « répondit le roi, car je vois le peuple dont « Dieu m'a chargé périr au milieu de l'eau et « mourir de faim. Le soudan eut pitié de ce « qu'il vit le roi plorer ; si plora aussi. Lors « envoya trente mille pains aux pauvres et aux « riches ; ainsi leur envoya quatre jours de « suite. » Malek-Kamel fit fermer les écluses et les Croisés quittèrent les rivages du Nil devant la liberté et la vie aux infidèles.

Ce matin nous sommes allés aux bazars. Je crois pouvoir dire sans aucune exagération que sur dix personnes qu'on rencontre, il y en a une aveugle ou borgne. On attribue les ophthalmies à plusieurs causes, aux sables que le vent soulève et apporte du désert, à la terrible malpropreté des enfants qui souvent ont des essaims de mouches autour des yeux, à l'éclat du soleil, etc. Nous ne sortons pas sans de grandes lunettes bleu foncé, et quand le sable tourbillonne nous en avons avec un petit grillage.

Il faudrait des mois, peut-être des années, pour tout connaître au Caire et tout *saisir*. Les bazars et les boutiques sont des labyrinthes où on a grand'peine à se retrouver. Le marchand, assis dans son royaume de quatre pieds carrés, vous regarde comme je suppose que regarde un ministre auquel on demande une grâce. D'abord il fait semblant de ne pas vous voir; quand il vous a vu, il fait semblant de ne pas entendre; quand il a entendu, il ne comprend pas et se remet à fumer dédaigneusement. Enfin il vous dit qu'il n'a pas l'objet que vous réclamez; vous le lui montrez vous-même, il le prend et en demande dix fois la valeur, quelquefois quinze, quelquefois quarante; si vous allez plus loin, la même scène recommence. Dans de petites échoppes sont entassées les choses les plus précieuses, les dents d'éléphant, les turquoises et les diamants de la Perse, les plumes d'autruche venant de l'Ethiopie, etc. Généralement chaque bazar a une spécialité. On trouve dans l'un la verrerie, les gargoulettes, les poteries de la Thébaïde, les porcelaines de la Chine et du Japon. Dans l'autre les selles magnifiques dont quelques-unes coûtent jusqu'à cent mille francs; le bazar des babouches est des plus curieux. Ceux des épices, de la fève de Moka, du riz de Damiette, de l'encens de l'Yemen, du tabac de Latakié, etc., etc., des senteurs, des tapis, des étoffes de soie et de laine, des mousselines, des cachemires de Perse et de l'Inde, des fez, des armes, des passementeries, des sucreries, etc., sont extrêmement intéressants à voir. Les jours de marché diverses marchandises sont vendues à la criée. J'ai vu parfois de bien belles choses qu'on promenait : montres anciennes, tabatières enrichies de pierreries, colliers, étoffes merveilleuses, etc. Le bazar turc est le plus beau.

Quant au marché aux esclaves, il n'existe plus.

Avant-hier nous avons vu la célèbre mosquée de Gam'a-el-Azhar avec M. et madame Joret, qui sont partis aujourd'hui pour se rembarquer à Alexandrie. Elle est surnommée avec raison la Splendide; plus de douze cents lampes pendent à ses neuf travées; on s'y promène dans des allées faites par quatre cents colonnes en marbre, en porphyre, en granit, enlevées aux anciens temples égyptiens. Son dôme et son minaret sont d'une grande hauteur. El-Azhar est non-seulement une mosquée, mais encore la grande université de l'Orient. Elle coûte à l'Etat six cent mille piastres. Les bâtiments sont si vastes que plus de quinze mille habitants s'y réfugièrent lors de l'invasion française. On pourrait les prendre pour une petite ville. La bibliothèque est très-curieuse, dit-on. L'enseignement de l'Université, qui se borne , à ce que prétend M. J., à apprendre à lire et à écrire, est suivi par des étudiants qui viennent de l'Inde, de la Mecque, de Perse et de Syrie. On leur donne du pain et de l'huile pour leurs lampes, et aussi, m'a-t-on assuré, malgré M. J., d'abord la connaissance approfondie du Koran, puis l'enseignement de la philosophie, des mathématiques et de la médecine; là surtout la belle langue arabe est parlée avec toute sa prosodie et toute sa pureté. Le diplôme qu'on y obtient est charmant. Après les louanges d'Allah vient l'éloge du récipiendaire qui « a cueilli dans le « jardin d'El-Azhar des fleurs qui feraient « honte à la rose et au narcisse, et qui s'est « composé un collier précieux avec les perles « des bonnes leçons et des bons discours. « Puisqu'il veut retourner dans sa patrie, sem- « blable au glaive impatient de rentrer dans « son fourreau, tout pouvoir lui est donné « pour l'enseignement de la morale et des « sciences. Le chef termine en écrivant. Puisse « le Seigneur te favoriser et moi aussi, et « nous diriger vers le bien! » (Extrait de Michaud.)

Un côté de l'Université est réservé aux aveugles, en grande vénération en Orient et qui se sont toujours distingués par leur fanatisme. Ils y sont nourris, et chaque jour on leur lit des versets du Koran. Les étudiants sont environ cinq cents. Malgré nos pieds nus, nous ne les eussions point désarmés, si le consul ne nous eût donné un janissaire. Je prenais un si vif plaisir à les voir assis par terre dans une cour immense et magnifique, écrivant, apprenant tout haut, comptant, se balançant, que je m'aperçus seulement de leurs grincements de dents et de leurs injures à mon adresse, aux coups de bâton que le janissaire fit voler sur leurs épaules, en m'engageant à m'en aller toutefois.

Je crois bien que le gouvernement ici, comme dans plusieurs autres pays quelque peu musulmans, a pris en partie le bien des mosquées. Autrefois chaque grande mosquée avait une bibliothèque, un *médrésé* ou collége, un hospice et un *imaret,* lieu où les pauvres sont nourris. Les oiseaux mêmes recevaient leurs graines. El-Azhar seule a conservé ses fondations pieuses. Cette mosquée magnifique est appelée aussi la mosquée des Fleurs, parce qu'elle est bâtie sur l'emplacement de vastes jardins.

Avant de faire un pas de plus, précédée par le bon janissaire qui s'essuie le front de tous les coups de nerf de bœuf qu'il vient de distribuer, je veux dire combien il est beau avec son costume écarlate et brodé, son fez rouge au gland bleu, et combien il est terrible avec sa ceinture de cachemire garnie de pistolets et de poignards, sa grande canne et son nerf de bœuf.

Il me demande si je veux qu'on arrête ceux qui m'ont le plus injuriée.

— « Non, vraiment, lui dis-je; d'abord, cela m'est égal, je ne les comprends pas, et ensuite il est probable qu'ils m'ont appelée *chien;* eh bien! j'aime beaucoup les chiens! » Le janissaire, lui, aimait beaucoup à les arrêter.

Au Caire, les janissaires ou cawas, au nombre de trois cents, font la police du vice-roi; la plupart sont des Turcs ou des Albanais. Le gouvernement en donne deux ou trois aux consuls pour les protéger et leur faire honneur, et les consuls, à leur tour, les prêtent quelquefois aux étrangers. Nous sommes entrés, toujours précédés de notre cawas, dans une autre mosquée; les fils du prophète étaient en prière autour de l'iman, homme vénérable, vêtu d'une longue robe de drap. Un cachemire des Indes, de couleur jaune, s'enroulait à sa taille; son turban était en partie blanc. Les musulmans, après la cérémonie, lui baisèrent la main et se prosternèrent avec un respect profond devant lui, pour se relever pleins d'animosité contre les *giaours*. Ils nous regardaient avec colère, et nous injuriaient. Je vis des lueurs étranges sur bien des visages, et tout cela malgré nos pieds nus! — Il fallut partir. La mosquée était si belle, l'iman si vénérable, les costumes si nobles, tous ces visages recueillis si pleins de haine, que je me sentis clouée à ma place; tous mes compagnons étaient sortis, et j'oubliais complétement que c'était moi l'objet de tant de regards courroucés et de gestes menaçants, quand le janissaire vint me chercher en grande hâte, et me fit *courir* jusque dans la rue, disant que cette mosquée est un endroit dangereux pour les chrétiens. Sa canne et son nerf de bœuf, cette fois, ne jouèrent aucun rôle. Le même jour, nous sommes allés à Choubra, le palais de plaisance de Méhémet-Ali, par de magnifiques allées d'acacias et de sycomores en feuilles. Tout est vert et fleuri comme en mai, mais il ne fait pas chaud. Le palais, quoique rococo, fait grand effet avec son immense bassin de marbre de Carrare, ses balustrades de marbre, ses colonnes, ses lustres. Quelle fête vraiment orientale on donnerait là! Les jardins sont beaux; nous y avons vu des sortes d'oranges aussi grosses que des melons, et cet arbre aux fleurs rouges d'un si grand effet dont le nom vulgaire est *bent-el-consul*.

Le Caire, samedi 9 janvier 1864.

Du temps! du temps! J'implore le temps afin qu'il s'arrête, non pour ne point vieillir, mais pour peindre quelques-uns des incomparables tableaux qui passent devant mes yeux, et pour penser surtout qu'un jour toute cette figure trompeuse du monde tombera comme un voile et que l'éternelle et vraie beauté nous apparaîtra !..........

Ce matin nous avons été à pied par une belle allée, et, au milieu de la foule la plus pittoresque et la plus animée, au musée égyptien formé par M. Mariette à Choubra. Comme toutes ces momies-là, chez elles, reprenaient de la vie ! Comme je les interrogeais afin qu'elles me disent les secrets recouverts d'une couche de trois mille ans!... Secrets toujours anciens et toujours nouveaux, m'a-t-il semblé : ambition, vanité, luxe, blessure du cœur, caducité et néant cachés sous de vains titres, fragilité de toutes choses, besoin et amour de l'immortalité. J'ai écouté des heures entières!... J'ai vu les fins bijoux qu'elles portaient aux jours de joie, les bagues, les colliers précieux, les bracelets magnifiques. J'ai examiné les coiffures, les costumes, les baris d'or, les peintures qui représentent les gorgerins éclatants, les scarabées....... m'étonnant qu'un peuple si fin, si avancé, si positif, si mathématicien, si savant, pût tant aimer le bœuf Apis, et les divinités à bec d'oiseau, à tête de chat ou de crocodile. La pièce capitale du musée est la statue assise et de grandeur naturelle du roi Sâffra que M. Mariette a découverte dans le temple auprès du grand sphinx, ainsi que le buste du même roi Sâffra qui se fait appeler l'*Horus, seigneur du cœur, le dieu grand, fils du soleil, seigneur des diadèmes, le dominant, le maître!* Il est probable que cette statue est la première qui ait été faite en Egypte, elle est très-belle.

Malheureusement il n'y a pas de catalogue du musée, et je n'ose aller chez M. Mariette, car on dit qu'il a une grande peur des importuns. — Suis-je un *importun?*... Pour un savant, c'est probable.

Eh bien! nous, importuns et pauvres en science, nous avons aussi à nous plaindre des savants égyptiens; ils sont six ou sept se parlant et s'écrivant en langage pire que les hiéroglyphes; et tels que les anciens prêtres d'Isis, ils voilent la science et la dérobent à tous les yeux, sauf à ceux des initiés.

Même date, le soir.

J'ai la tête cassée de tous les avis et de tous les drogmans que je reçois pour notre voyage du Nil, qui est facile, mais enfin qu'il faut organiser. Le temps me manque, je risque de ne pas arriver à Jérusalem pour la semaine-sainte. *** tremble comme la feuille ou la gazelle; à ce propos, nous avons mangé de la gazelle à Alexandrie; pauvre jolie gazelle! cela ressemble à du vieux lapin. Elle frissonne donc, cette feuille timide, à la pensée du vent du désert. Moi, j'aspire, je rêve à aller par Gaza à Jérusalem, par le désert nu, aride, profond, désolé. Je connais une âme qui est un désert. — O pauvre âme!...

Je voudrais aller à chameau, coucher sous la tente, boire du lait de chamelle, entendre le grand, le terrible vent des solitudes, le simoun. Oh! quelle voix il doit avoir! du temps! du temps!

Après bien des pourparlers à ce sujet avec l'excellent chancelier de France, nous nous sommes fait conduire aux tombeaux des kalifes, par le noir Beschir, à la figure anguleuse mais douce, et caché de la tête aux pieds dans un burnous de laine blanche. Ackmet, notre interprète, est un nègre légèrement basané qui aime la toilette; il avait mis sur ses larges pantalons blancs à la turque une petite redingote française qui lui descendait un peu au-dessous de la taille, et sur son fez rouge un foulard bariolé qu'il avait plié de manière à avoir des dents sur le haut de la tête; il se croyait beau et était content. — Le coureur était simplement vêtu d'une robe bleue, son turban brillait comme une fleur de pourpre sur le sable blanc.

Les tombeaux sont situés au milieu d'une

vaste solitude, où ils forment un tableau admirable, quoiqu'ils soient en ruine. La cité des morts est au nord de Mokattam et son étendue égale à peu près celle de Fostât. Je suis entrée d'abord dans la mosquée d'El-Barkouk, qui est un chef-d'œuvre d'architecture sarrasine. La cour, entourée de portiques, les dômes, les stalactites, les pierres finement découpées, l'ensemble général, tout est beau. De petits Egyptiens maigres, les yeux entourés de mouches, en guenilles, mangeant des radis, nous ont crié le mot sacramentel : *Bachich bachich !* mot qui vole de bouche en bouche, et auquel les gens du pays répondent par un coup de nerf d'hippopotame appelé courbach. Dans le tombeau d'El-Achraf nous avons admiré les mosaïques et les incrustations des murs en nacre de perle. Le minaret de la coupole de Kaïf-Bey est d'une pureté de lignes irréprochable. J'ai trouvé dans cette mosquée un iman causeur, ce qui est rare pour un Arabe. Il nous a montré l'empreinte du pied de Mahomet, et nous a lu les inscriptions. Je lui ai demandé par mon interprète pourquoi il n'apprenait pas le français, et pourquoi il ne nous aimait pas.

Il ne veut point apprendre le français ni nous aimer, a-t-il répondu, parce que nous mangeons... du porc. Je lui ai fait dire que c'était en effet une bien vilaine bête. Ce qui l'a fait rire et m'a gagné ses bonnes grâces. — « On trouve là « des rues, des places publiques, des mosquées, « des minarets, dit Michaud; en marchant à « travers cette cité singulière, on s'étonne de « ne pas entendre le moindre bruit, et de ne « rencontrer personne. La ville des morts n'a « de population vivante qu'un seul jour de la « semaine; les familles musulmanes du Caire, « et surtout les femmes, y viennent le ven« dredi. » — A deux heures environ de là, se trouve la forêt pétrifiée. Quelques troncs sont d'une grosseur considérable. Le désert est autour de nous.

Le Caire, dimanche 10 janvier 1864.

Nous avons été à la messe chez les Franciscains. Le père Grégoire, jeune Belge d'une imposante beauté, nous a reçus dans la sacristie, et s'est disposé à écouter nos confessions.

L'église était pleine. Sous les grands voiles de soie noire qui enveloppent les femmes, on voyait de temps en temps des robes bleu de ciel, rose de Chine, jaunes, lilas. Un négrillon servait la messe d'un air posé. Malgré l'air, j'ai pensé à un diable dans l'eau bénite.

J'ai envoyé à la poste : *Rien! niente !!* O mes amis!

J'allais mieux, je ne toussais plus. Je renaissais à ce soleil, mais ce *niente* m'étouffe. Si je pars avant l'arrivée des lettres, on me les enverra à Thèbes, et moi j'écrirai de Louqsor. Si ces noms sont grands, la distance l'est aussi, et je serai peut-être plus de deux mois sans pouvoir donner de mes nouvelles et sans en recevoir.

Ici nous sommes passablement logés, la nourriture « est saine et abondante, » les prix élevés, le café exquis; aujourd'hui nous en avons pris cinq fois.

M. Eide, l'excellent et aimable vice-consul de Belgique, dont j'ai tant à me louer, a eu la bonté de venir nous chercher pour nous conduire chez ses belles-sœurs et nous faire voir un intérieur chrétien du Caire.

Les chrétiennes s'habillent, se voilent et restent cloîtrées dans leur intérieur comme les femmes musulmanes. Les vastes maisons sont cachées et entourées de murailles sans fenêtres et n'ayant d'ordinaire qu'une petite porte. Cet usage est venu de la nécessité de dérober ses richesses et presque son existence à la rapacité des Turcs et à leur cruauté. Les temps sont plus doux à présent, et il règne une sorte de justice et de liberté depuis les conquêtes de Napoléon.

Après de nombreux détours dans le plus poudreux et le plus compliqué des labyrinthes, nous sommes entrés par une porte basse dans une première cour où il y avait trois chameaux, des moutons mérinos, un banc en bois sculpté sous un auvent tout joli. Nous avons passé dans une seconde cour très-grande et qui mène à l'escalier d'honneur; nous l'avons franchi et il nous a conduits dans de grandes pièces d'un goût douteux, de surfaces inégales, mais riches et entourées de divans. Trois jeunes hommes sont venus, tous parlant français, tous doux et gracieux. Le salut est charmant et plein de respect : on porte la main à son cœur, à ses lèvres, au front, et quand on salue un vieillard on s'incline comme pour lui baiser les pieds.

Trois jeunes femmes entrèrent; elles portaient de larges pantalons en soie jaune ou Solférino, des yallecs de brocart bleu de ciel ou rose, et des vestes de velours ouvertes et richement brodées. La poitrine n'est couverte que d'un tulle léger brodé d'or. Ces jeunes femmes avaient des figures de vierges et de charmantes et candides expressions.

Nous avons pris du café — et parlé pour parler : le Caire est beau, Paris est beau, la Belgique est belle! les voyages ont des dangers, etc. — Les enfants et la plus jeune femme riaient un peu quand nous ne les regardions pas. Certes, nous devions leur paraître mesquines et empaquetées. De là, M. Eide nous a conduits chez une autre sœur, une jeune veuve belle et pensive, vêtue de noir. La mère était assise sur le divan; à ses cheveux, coupés comme ceux des Bretons, pendaient par derrière huit ou dix longues tresses. La veuve n'en avait qu'une et ne portait pas de bijoux comme sa mère, dont l'aigrette de diamants et le collier de perles et d'émeraudes m'ont frappée. On donnait une petite fête pour un mariage. Les charmantes jeunes femmes de chez lesquelles nous venions sont arrivées couvertes du *habrah* de soie noire, la figure voilée sous le bourhal qui tombe jusqu'aux pieds et monte jusqu'aux yeux, enveloppées dans une sorte de pardessus de soie fait en forme de peignoir.

Elles ont ôté cette toilette de rue; elles avaient la tête ornée de mousseline éclatante, de fleurs et de diamants, et leur costume déjà décrit, le tout très-riche et très-beau.

Nous avons repris du café dans de petites tasses charmantes en porcelaine du Japon, qu'on pose dans des sortes de coquetiers d'argent ou d'or travaillés à jour. Une négresse servait. On nous a offert de fumer le chibouck. Chez les chrétiens, les hommes sont admis dans les appartements où se trouvent les femmes.

Cette famille charmante et distinguée est copte. En la quittant, nous visitâmes une de leurs petites églises. Le prêtre nous a montré les livres de prières écrits dans la langue copte, éteinte au dix-septième siècle, et dont les caractères ont puissamment aidé à la découverte de la clef des hiéroglyphes.

D'où viennent les Coptes? sont-ils les descendants des Egyptiens? Les savants n'ont point résolu, mais embrouillé, ces questions. Le nombre des Coptes est à peu près de cent mille répandus en Egypte, en Nubie, etc. Ils sont Eutychéens et ont conservé la circoncision. Presque tous exercent l'état de marchands ou de courtiers.

Même date, la nuit.

Voici des lauriers, et ce ne sont pas eux cependant qui m'empêchent de dormir : le chancelier de France connaît les T...; il s'occupe de leurs affaires. Ces dames T... sont chez des sauvages de l'intérieur de l'Afrique et bien au-delà de Kartoun. Elles ont une garde de cent cinquante noirs et vivent en bonne intelligence avec la peuplade. Aidées d'un savant, elles cherchent les sources du Nil. La gracieuse et charmante mademoiselle Alexienne T... a fait, dit-on, un coup plein d'humanité et d'éclat. Elle s'est jetée au milieu des marchands d'esclaves, a tiré d'une manière terrible avec son revolver, et a arraché de leurs mains les noirs qu'ils emmenaient. Le bruit court que madame T... est très-malade.

Hier, nous avons été à Héliopolis, à une lieue et demie du Caire. Pour y arriver, on traverse un peu du désert. Le sable tourbillonnait et aveuglait. *** espère que ça m'a dégoûtée du désert. O fausse espérance! J'allais à Héliopolis, surtout attirée par la douce tradition du sycomore et de la fontaine. J'ai vu l'immense sycomore sous lequel la sainte Famille s'est reposée, et je l'ai baisé avec respect. Bientôt, bientôt! nous ne serons plus émus par des traditions incertaines, mais nous verrons de nos yeux et nous toucherons de nos mains Jérusalem la sainte!... Je ne puis croire à mon bonheur; je ne puis prononcer ce nom sans que mon cœur batte et que mes yeux se remplissent de larmes!

On lit dans le seigneur d'Anglure : « Quand « nostre Dame, mère de Dieu, eut passé les « déserts, et qu'elle vint en cedit lieu, elle mit « nostre Seigneur à terre, et alla cherchant

« eaue par la campagne, mais point n'en peut « tiner; si s'en retourna moult dolente à son « cher enfant, qui gisait estendu sur le sable, « lequel avait feru des talons en terre, tant « qu'il en sourdit une fontaine d'eau moult « bonne et douce; si fust nostre Dame moult « joyeuse de ce, et en remercions nostre Sei- « gneur; elle recoucha, nostre Dame, son cher « enfant et lava les drapelets de nostre Sei- « gneur de l'eaue d'icelle fontaine, et puis « estendit iceux drapelets par-dessus la terre « pour les essuyer, et de l'eau qui dégouttait « d'iceux drapelets, ainsi comme ils essuyaient, « par chaque goutte naissait un petit arbris- « seau, lesquels arbrisseaux portent le baume, « et encore à présent y a grant planté de ces « arbrisseaux qui portent le baume, et en autre « lieu du monde fors en paradis terrestre, vous « ne trouvez qu'il naisse baume hors en cedit « jardin. »

Héliopolis, ville sacerdotale, fut la troisième de l'Égypte en célébrité; elle avait le dépôt sacré des sciences et le culte du soleil, adoré comme auteur du jour et auteur de l'intelligence. Les sages de la Grèce : Eudoxe, Thalès

de Milet, etc., y venaient s'instruire et méditer. Platon y demeura onze ans.

Putiphar, grand-prêtre du soleil, dont Joseph fut l'intendant et épousa la fille Anseneth, habitait Héliopolis. Ce n'est pas loin du pays de Gessen où demeuraient les Hébreux. On croit que Moïse fut élevé et instruit par les prêtres de cette ville célèbre. De ses monuments, de ses allées de sphinx, de ses colonnades, il reste un obélisque, et de la science de ses savants, quelques hiéroglyphes. On voyait dans le temple du Soleil un miroir immense qui réfléchissait l'astre-dieu depuis son lever jusqu'à son coucher. La beauté de ce temple, de ses obélisques, de ses portiques, de son dôme, était incomparable.

L'observatoire célèbre, où, si longtemps, les prêtres égyptiens étudièrent non-seulement le cours des astres, mais l'astrologie, fut détruit par Cambyse, comme les autres monuments. La plupart de ses obélisques ont eu une destinée : deux sont à Rome, un troisième est à Constantinople, et enfin, quelques savants font venir aussi d'Héliopolis les aiguilles de Cléopâtre qui sont à Alexandrie. L'obélisque en granit rouge, qui est resté debout ici, est gravé de scarabées, de serpents, de fleurs de lotos, de palmiers, de charrues, etc. M. A. Champollion-Figeac y a lu le nom de Osortasen, Pharaon de la vingt-troisième dynastie (800 ans avant Jésus-Christ).

Quand j'ai vu l'obélisque, il était garni, du haut en bas, de nids d'abeilles. Ce miel m'a fait songer à la science des anciens prêtres de la cité sainte. Un emplacement à part était réservé aux monuments religieux. A Héliopolis, comme dans presque toutes les villes de l'antiquité, il n'y avait point de tombeaux; les morts de cette ville sont enterrés dans la plaine des Pyramides, comme ceux de Memphis. La vigne du baume a disparu. Bien des combats se livrèrent dans ces plaines appelées autrefois plaines de Babylone; elles virent Cambyse, Alexandre, Omar, Amaury de Jérusalem, Sélim, le général Kléber qui y défit le grand-visir et dissipa son armée. Le village bâti sur les ruines s'appelle Matarièh.

Le Caire, vendredi 15 janvier 1864.

Le Kamsin a soufflé d'une manière terrible ; j'ai voulu sortir, je me suis crue dans un four dont les cendres étaient soulevées par un ouragan. On ne voyait pas à deux pas devant soi. Je conçois pourquoi chacun ici a mal aux yeux, est borgne ou aveugle. Le sable contient de la chaux et brûle les yeux. Nous portons tous de grandes lunettes bleues avec un petit grillage. Je ne puis regarder mes compagnons de voyage sans m'avouer que ce gros œil bleu grillé irait bien à un monstre.

L'Esbeykié où je suis logée n'a plus ni musique, ni chansons, ni jeux ; ses cafés sont fermés ; tout est muet et a fui devant le Kamsin.

Même date, le soir.

Ma pensée, après avoir fait un tour plein de tristesse et de regrets vers mes amis d'Europe, revient à l'Esbeykié et à Kléber, qui y fut assassiné sur une terrasse, près de l'hôtel d'Angleterre, hôtel qui n'existait pas alors. Le général en chef était accompagné de son architecte, M. Protain; il visitait les travaux exécutés au palais, et marchait sous un berceau de vignes. Un jeune Arabe se prosterna devant lui pour lui baiser la main, et tout à coup lui enfonça un poignard dans le cœur. Kléber cria : « A moi, guide! » (un guide passait alors sur la place) et il tomba baigné dans son sang. M. Protain n'avait qu'un bambou; il se précipita sur l'assassin; celui-ci lui porta six coups de poignard, le renversa sans connaissance, et revint vers le général qu'il perça encore trois fois, mais le premier coup avait été mortel.

On accourut de toutes parts. Le grand homme, le plus grand peut-être des compagnons de Bonaparte, ouvrit les yeux et mourut sans proférer une parole. Le désespoir et la fureur des soldats furent au comble. On trouva l'assassin dans le jardin des bains français. D'abord, il nia tout; on lui fit donner la bastonnade, et il parla.

Il se nommait Souleymân-el-Haleby (né à Alep). Pour obtenir justice pour son père, marchand de beurre, il avait promis au commandant des janissaires d'entrer dans *le combat sacré*. Il nomma les quatre ulémas auxquels il avait fait part de son projet dans la mosquée d'El-Azhar, et qui tous l'avaient désapprouvé. Il fut exécuté le 17 juin avec trois de ces ulémas qui fondaient en larmes. Souleymân déplorait la lâcheté de ses compagnons. Il vit, impassible, trancher leurs têtes. Pour lui, on lui brûla le poignet, sans que, les yeux levés au ciel, il proférât une plainte. Un cri lui échappa cependant, parce qu'un charbon détaché vint lui brûler le coude; et comme le bourreau, Barthélemy-le-Grec, le lui reprochait : « Chien d'infidèle, lui dit-il, pourquoi oses-tu me parler? Mes juges n'ont pas ordonné qu'on me brûlât le coude. »

Quand les chairs furent consumées, Barthélemy-le-Grec étendit le patient à terre sur le ventre, les pieds écartés et contenus par deux aides. Il lui enfonça, à grands coups de masse, un pal énorme, qui pénétra à la profondeur de douze pouces. On lia les jambes, et on éleva l'appareil à douze pieds de terre ; Souleymân se mit à chanter des versets du Koran.

Pendant trois heures il resta en vie, regardant avec fierté les spectateurs. Il demanda à boire, et, comme il arrive d'ordinaire dans ce supplice, après avoir bu, il mourut. On a le cœur serré de ne pas voir employé à une bonne cause ce magnanime courage. Le chirurgien Larrey a donné le squelette de Souleymân à l'Ecole de médecine de Paris.

Je viens de prendre comme drogman pour mon voyage du Nil *Joseph Moussalli*, sur le certificat que lui a donné le comte de Monti.

Notre contrat se signera à la chancellerie belge, nous voulons partir le plus tôt possible.

Le Caire, samedi 16 janvier 1864.

Quelle journée! il faudrait un poète arabe et du temps pour la décrire. Nous avons été reçues dans les harems de deux princesses royales ; nous avons déjeuné chez l'une, étendues sur des coussins, entourées d'esclaves, rafraîchies par un grand éventail de plumes d'autruche qu'une belle Circassienne agitait sur nos têtes. L'autre princesse nous a donné une fête composée d'une comédie, d'une sorte de ballet et d'un concert. Nous avons fumé huit ou dix chiboucks et bu sept tasses de moka.

Le Caire, dimanche 17 janvier 1864.

Notre cange fine, légère, coquette, courant comme Zéphyre, ne déploie que lentement son oriflamme blanche et verte, et son beau drapeau rouge, jaune et noir qui doit nous faire respecter cent lieues à la ronde, dit notre drogman. O Belgique !

Les apprêts ne sont pas terminés ; nos divans ne sont point encore étendus, nos cassolettes manquent de parfums et nos esclaves de pain : — on le cuit. — Il doit servir pendant quinze jours ou trois semaines.

Je reprends mes notes.

Il est difficile d'être reçue dans les harems des princesses. M. Eide, et madame de Rossetti, femme de l'ancien consul de Toscane, dont la famille est aussi connue que respectée au Caire, y mirent une très-grande complaisance et bonté. Madame de Rossetti, qui est l'amie de la princesse Saïd-Pacha, nous obtint cette faveur et voulut bien nous servir d'introductrice et d'interprète. Elle nous parla en route de l'amour et de l'estime qui entourent la veuve de Saïd-Pacha. Cette princesse a tous les dons, le bonheur excepté. Elle est belle, elle est instruite, elle est d'une haute vertu. Madame de R. fut témoin d'un acte héroïque pour qui connaît le cœur d'une épouse. Il y avait réception dans le harem, Saïd venait de monter sur le trône, et les dames étaient admises à faire leurs compliments à la vice-reine, femme unique et légitime, mais à qui Dieu n'accorda jamais d'enfant. Ce malheur est ici un opprobre comme chez les Hébreux. Une esclave avait donné un fils au vice-roi. Pendant la réception on vit descendre et s'avancer cette mère heureuse et parée, qui n'avait cependant pas le droit de s'asseoir devant la princesse.

Celle-ci, cachant une larme, l'appela et lui dit : « Viens, mon amie, asseois-toi à ma droite, « car par toi Saïd a été heureux. » Au moment des couches de l'esclave, elle l'avait soignée pendant quarante jours sans la quitter.

Tandis que nous causions, la voiture roulait dans la belle avenue de Shoubra ; elle s'arrêta devant un grand bâtiment blanc.

Mademoiselle de R. avait une robe de soie Solferino, garnie de velours noir, une charmante pélerine de point de Bruxelles, un chapeau rond très-vaste en feutre blanc avec une plume noire et blanche, un burnous blanc ; pour moi, j'étais en deuil, j'avais le même chapeau que mademoiselle de R. et une robe de cachemire blanc avec des dentelles noires.

Des eunuques au teint d'ébène nous entourèrent et nous introduisirent dans un vaste vestibule peint en blanc, où un double escalier se déployait majestueusement. Des esclaves blanches en groupe se tenaient immobiles et silencieuses. L'une nous conduisit à la princesse qui était assise à l'orientale sur un divan dans une salle immense, sans autres meubles qu'une petite armoire en laque de Chine et des divans autour des murs blancs.

L'ancienne vice-reine a trente-deux ans ; sa beauté pleine de noblesse est frappante ; on voit courir des veines bleues sous sa peau blanche et délicate, mais ses joues amaigries et ses yeux rougis ne disent que trop sa douleur. Elle était en grand deuil sans fard, sans peinture de henné ou de coolk, et enveloppée dans une pelisse de soie noire garnie de fourrure ; elle n'avait aucun bijou ni ornement ; sur ses cheveux coupés courts était jeté négligemment un petit fichu de gaze. La conversation courut sur divers sujets et fut toujours intéressante. La princesse rappela avec plaisir qu'elle avait reçu la duchesse de Brabant, qui avait poussé la bonté jusqu'à s'habiller en grande toilette pour lui donner une idée de nos costumes de fête. Un bel enfant, couleur de lis et de rose, jouait auprès de nous. Sa mère, belle-sœur de Saïd-Pacha, et une amie, toutes deux portant des fourrures, se tenaient à gauche et à quelque distance.

Des esclaves vêtues de tuniques de couleur sombre nous avaient avancé des fauteuils.

Elles reparurent des bâtons à la main d'environ trois mètres de long. Ils étaient garnis d'or, d'émaux, d'ambre et de diamants. Madame de Rossetti nous avertit que ces bâtons merveilleux étaient des chiboucks, et qu'il fallait s'exécuter et fumer. Chaque fois que je laissais éteindre le mien, deux esclaves traversaient la grande salle, le prenaient, allaient le rallumer et me le rapportaient en cérémonie, replaçant sur le tapis le plateau d'argent entouré d'une galerie travaillée sur lequel on met le foyer du chibouck. Quant à la princesse, elle fumait une cigarette dont elle faisait adroitement sortir la fumée par son nez.

Au bout de vingt minutes, une esclave, entourée de cinq ou six autres, apporta le café sur une sorte de petite table garnie d'un tapis de velours rouge surchargé de belles broderies d'or, et nous le servit dans de petites tasses d'or enrichies de pierreries qui furent placées dans des sortes de coquetiers travaillés à jour. Le moka est une boisson délicieuse, il fait grand bien, on s'en sert même pour arrêter la fièvre.

Après que nous eûmes savouré le café, la

princesse nous pria de nous rendre au déjeuner. Nous passâmes dans une chambre où des esclaves nous versèrent sur les mains une eau odoriférante dans des aiguières d'argent massif appelées *tichté*, et nous donnèrent pour nous essuyer des serviettes à bordures d'or.

La salle à manger est très-grande, très-belle. Le couvert se trouva mis sur un tapis de Turquie ou à peu près, car le déjeuner était servi dans un immense plateau d'argent, sur des coussins posés par terre, et autour desquels nous nous étendîmes. La princesse admit encore à sa table sa belle-sœur et son amie. Nous étions donc en tout six personnes. On mange ensemble dans le même plat et avec les doigts, mais pour nous on nous donna des assiettes et des fourchettes. Tout était étrange et excellent. Il y avait deux potages, l'un sucré, l'autre au bouillon, servis dans de belles soupières d'argent, dans lesquelles nous plongions toutes ensemble avec nos cuillers. Vinrent ensuite des hors-d'œuvre au vinaigre, et des plats en grand nombre, entre autres des *doulmas*, bouchées de choux farcis, des *fitirs*, sortes de pâtisseries, le *kiefté*, fait avec du mouton et des poissons frits, le fameux pilau, etc., etc. La princesse me servait souvent de ses royales mains, elle prenait de la viande dans les plats, en faisait des boulettes que je n'avais plus qu'à avaler. Nous bûmes des sorbets appelés *xusaf*.

Une grande esclave, modeste et jolie, agitait sur nos têtes un éventail de plumes d'autruche. Souvent l'éminente veuve de Saïd-Pacha égrenait son chapelet mahométan composé des quatre-vingt-dix-neuf perfections d'Allah; souvent elle disait des choses remarquables par la justesse ou l'élévation. Sa belle figure prit une teinte moins triste en nous racontant qu'une dame musulmane, qui appartient à la secte des croyants à la métempsycose, venait de lui dire avec beaucoup de larmes qu'elle avait reconnu l'âme de son père dans le corps d'un âne. — « Quelle absurdité, ma pauvre amie ! » lui avait répondu la princesse. — Mais l'autre persista. « Elle avait vu que c'était son père, aux yeux et aux regards de l'âne. » Qui de nous n'a pas quelque ami aux longues oreilles!

On parla de voyages. La princesse les désapprouve en général, mais elle me dit avec douceur : « Quand on est bon, on prend le bon « de ce qu'on voit; quand on est mauvais, on « prend le mauvais, et toi tu es bonne. » On s'étonnait, nous dit-elle, qu'elle eût reçu, il y a quelques jours, une dame qui n'a ni fortune ni position. Elle ajouta : « Mais nous sommes tous égaux, tous descendants d'Abraham, et nous devons être bienveillants les uns pour les autres. » Enfin tous ses sentiments sont chrétiens. Puisse Dieu éclairer cette belle âme de la vraie lumière !

Après le déjeuner, les esclaves revinrent avec les aiguières et les serviettes brodées d'or. Nous nous remîmes à fumer et à boire du café dans un salon plus petit.

Nous sommes sorties du palais vers une heure. Madame de Rossetti nous conduisit nous reposer chez elle, où sa fille fit de la musique avec mademoiselle de R. Madame de Rossetti, si bonne et si respectable, a le bonheur d'avoir une chapelle avec le Saint-Sacrement chez elle. Pie IX lui a accordé des indulgences. Ses filles ont été élevées au Sacré-Cœur; elle-même a suivi une des retraites du Sacré-Cœur de Paris. On ne peut se figurer le charme et le bonheur de trouver en Orient cette âme catholique et sainte.

Vers deux heures et demie, nous nous rendîmes au palais de la plus riche de toutes les princesses, la princesse Akmet, à laquelle son mari, cousin du vice-roi et qui périt en Égypte par un accident de chemin de fer, laissa ses millions.

Les eunuques nous attendaient à la porte. Ils nous aidèrent à descendre de voiture et nous conduisirent par un berceau de pampre et d'orangers jusqu'au perron de marbre où s'échelonnaient des esclaves blanches et quelques autres noires comme la sombre nuit, vêtues magnifiquement de tuniques de soie rose ou jaune, ornées de paillettes d'or. Elles nous introduisirent avec respect et un profond silence dans la salle de réception. La princesse Akmet avait une sorte de robe à queue à ramages, et un pardessus appelé ici *polka*, en soie rose, garni de fourrures. Sur ses cheveux noirs et à son tarbouch étaient attachées des fleurs naturelles qui retombaient sur son beau front. Elle portait peu de bijoux ; ses yeux admirables étaient entourés d'un léger cercle ombré, ses sourcils, d'un arc presque droit, étaient unis entre eux par une forte ligne de coolk.

Sa beauté, ses vingt-cinq ans et sa bienveillance me captivèrent tout d'abord. Son fils, un gros garçon de sept ou huit ans, étouffé dans des habits européens, allait et venait. La mère l'embrassait avec tendresse. Vis à vis de nous il y avait des dames arabes très-laides, et des esclaves pour fond de tableau. On nous apporta des chibboucks garnis de diamants et d'ambre. Nous nous disions tout bas : « C'est beau, mais c'est *triste ;* nous finirons par mettre nos cœurs aux pieds des princesses. » — Ensuite nous bûmes du moka, et il nous fallut manger encore toutes sortes de sucreries.

La princesse Akmet eut la bonté de nous donner une fête qui commença par un concert. Les esclaves du harem jouèrent sur la flûte, le *canoun*, sorte de harpe très-douce, sur la clarinette, le violon, la mandoline, accompagnés de tambours de basque, des airs circassiens, arabes et grecs, sauvages, étranges et qui n'étaient pas sans charme.

Après le concert vinrent les danses ; elles

furent ouvertes par un bouffon vêtu d'un pantalon de satin blanc et d'une tunique de soie rouge brodée d'or. Six Circassiennes, qui ont coûté chacune vingt mille francs, nous assura-t-on, entrèrent ensuite. Elles portaient de doubles jupes de soie rose brodées de paillettes d'or et d'argent, garnies de franges d'argent, et un corsage de soie blanche orné de galons du même métal, leurs longs cheveux noirs ou blonds flottaient sur leurs épaules. Elles dansèrent, en s'accompagnant de castagnettes, des danses de leur pays ; danses monotones et bizarres où le corps se contourne et se disloque, où les cheveux épars se jettent en avant et en arrière. Le chant se mêle à la musique qui les accompagne, et le rhythme en est doux et triste. Une danse grecque exécutée avec des mouchoirs de crêpe rouge a de la grâce ; la chanson disait : « Ah! je souffre, tu m'as volé mon cœur !

— « Eh bien ! voilà mon mouchoir pour essuyer tes larmes, etc. »

Ces six jeunes Circassiennes étaient jolies, deux avaient même une grande beauté. Leur sort est doux, on les marie et on les dote. A la mort du maître on affranchit une partie des esclaves en leur donnant de quoi vivre. La sage princesse Saïd a réduit sa maison à deux cent cinquante personnes ; elle a donné des terres au reste avec la clause d'une bienfaisante prudence que ces terres ne pourraient être vendues qu'à la troisième génération.

Après les danses, les esclaves nous apportèrent des sorbets et une sorte de confiture blanche qui ressemble beaucoup à la pâte de guimauve. Et nous fumâmes encore ! Et tout ce qu'il y avait là de princesses et d'amies fumaient, fumaient ! leurs ongles et le dedans des mains étaient teints de henné, et leurs yeux entourés d'un cercle ombré qui les rendait plus brillants.

Je me contente des surfaces ; je vois partout des figures douces, modestes, empressées. J'ai entendu les louanges des princesses. Je laisse à d'autres de soulever le voile qui cache les misères profondes des harems, leurs douleurs, leurs coins hideux, et quelquefois leurs drames sanglants.

L'Égypte a été chrétienne, et à présent ses enfants prient tout le jour, en marchant, assis, debout ; mais ils prient dans l'erreur, et souvent, souvent mon âme se déchire en les voyant.....

Que leurs souffrances sont grandes, quelle misère effroyable, quel abus de la force et combien je suis révoltée de voir les Européens battre et maltraiter aussi les fellâhs !

La princesse-mère va entreprendre le fatigant et dangereux pèlerinage de la Mecque.

Je m'arrête ; je ne puis écrire davantage dans mon journal, le jour tombe.

Le Caire, lundi 18 janvier 1864.

J'ai peu de temps, notre drogman Joseph Moussalli vient me consulter sur tout. Il m'annonce que les lits et les divans sont achetés, que la cuisine est prête, que les provisions sont dans la cange, et il me demande s'il nous sera agréable qu'il y ajoute des prunes baignant dans le miel, et des quartiers d'oranges qui nagent dans des sucs de grenades ; nous nous en léchons les doigts d'avance. Je lui accorde la permission de nous présenter le cuisinier Abaskander et le pilote ou réïs. Ils entrent et nous baisent les mains.

Nous allons voir la cange à Boulack ; elle est jolie et commode, mais je la décrirai à loisir. L'équipage vient nous baiser les mains et le bas de la robe. Nous aurons un cuisinier, des marmitons et, je crois, dix rameurs, en tout quinze hommes, que je peux faire battre à volonté sous la plante des pieds ; qu'on ne me parle plus des droits méconnus de la femme !

Pour aller à la première cataracte et revenir au Caire je paie à mon drogman six mille francs. Si je vais à la seconde cataracte j'ajouterai dix-sept cents francs ; tout est compris, je n'ai à m'occuper de rien.

Le soir.

Le courrier de France est arrivé et pas de lettres !

Que je voudrais ne rien oublier, que je voudrais surtout avoir la palette de mon grand et admirable compatriote Rubens! Vœux inutiles, je le sais, mais je me les permets cependant de grand cœur.

Errer au hasard dans les rues du Caire, c'est faire passer devant ses yeux les tableaux aux tons les plus chauds et les plus variés, c'est aller de joie en joie d'artiste, c'est avoir chaud en hiver, ce qui n'est pas peu de chose. Ici on voit une porte finement sculptée qui s'ouvre sur une cour arabe à colonnes et à jet d'eau; là ce sont des miradores d'Espagne appelés moucharabis; plus loin des fontaines charmantes avec une coupe attachée à une chaîne. Les anciennes maisons ont des splendeurs intérieures et des fouillis de sculptures inimitables; les palais modernes sont vulgaires, toute tradition de style arabe est perdue. Nous sommes entrés dans la mosquée célèbre du sultan Kalaoun qui a mille ans de date et qui serait une des plus belles si la ruine n'avait tout effondré, tout renversé comme une sorte de tremblement de terre. On monte à cheval au haut de son minaret. Ses portiques sont le rendez-vous des mangeurs de hachich. Chose étrange en Orient, il y a une mosquée uniquement pour les femmes, elle s'appelle Setti Zeynab. Nous vîmes dans le vieux Caire la mosquée d'Amrou, et le monastère de Saint-Serge, dont l'enceinte est très-vaste, mais l'église petite et pauvre. La tradition y a placé le séjour de la sainte famille dans une grotte où l'on descend par un escalier de douze marches qui commence dans l'église.

Fostât est l'endroit favorable pour relire la lettre d'Amrou. Nous nous assîmes au bord du Nil et *** lut à haute voix : « Lettre du kalife Omar-Ebn-el-Kassab à Amrou, son lieutenant en Égypte. » — « O Amrou, fils de del Asaas, « ce que je désire de toi, à la réception de cette « lettre, c'est que tu me fasses de l'Égypte une « peinture assez exacte et vive pour que je « puisse m'imaginer voir de mes propres yeux « cette belle contrée. Salut. » — Réponse d'Amrou :

« O prince des fidèles ! peins-toi un désert « aride et une campagne magnifique au milieu de deux montagnes, dont l'une a la « forme d'une colline de sable, et l'autre celle « d'un ventre de cheval étique ou du dos d'un « chameau : voilà l'Égypte. Toutes ses pro-

« ductions et toutes ses richesses, d'Assouân « jusqu'à Menchâ, viennent d'un fleuve béni, « qui coule avec majesté au milieu d'elle. Le « moment de la crûe et de la retraite de ses « eaux est aussi réglé que le cours du soleil et « de la lune. Il y a une époque fixe dans l'an- « née où toutes les sources de l'univers vien- « nent payer au roi des fleuves le tribut auquel « la Providence les assujettit envers lui; alors « les eaux augmentent, sortent de leur lit et « couvrent toute la face de l'Égypte pour y « déposer un limon productif. Il n'y a plus « de communication d'un village à un autre, « que par le moyen de barques légères, aussi « nombreuses que les feuilles des palmiers. « Lorsqu'ensuite arrive le moment où ses eaux « cessent d'être nécessaires à la fertilité du « sol, ce fleuve docile rentre dans les bornes « que le destin lui a prescrites, pour laisser « recueillir le trésor qu'il a caché dans le sein « de la terre.

« Un peuple protégé du ciel et qui, comme « l'abeille, ne semble destiné qu'à travailler « pour les autres, sans profiter lui-même du « fruit de ses sueurs, ouvre légèrement les en-

« trailles de la terre, et y dépose des semences, « dont il attend la fécondité, bienfait de cet « être qui fait croître et mûrir les moissons. Le « germe se développe, la tige se lève, l'épi se « forme par le secours d'une rosée qui supplée « aux pluies, et qui entretient le suc nourri- « cier dont le sol est imbu.

« A la plus abondante récolte succède tout « à coup la stérilité. C'est ainsi, ô prince des « fidèles, que l'Égypte offre tour à tour l'image « d'un désert poudreux, d'une plaine liquide « argentée, d'un marécage noir et limoneux, « d'une prairie verte et ondoyante, d'un par- « terre orné de fleurs variées et d'un guéret « couvert de moissons jaunissantes. Béni soit « le créateur de tant de merveilles!

« Trois choses, prince des fidèles, contri- « buent essentiellement à la prospérité de l'É- « gypte et au bonheur de ses habitants; la pre- « mière, de ne point adopter légèrement des « projets enfantés par l'avidité fiscale, et ten- « dant à accroître l'impôt; la seconde, d'em- « ployer le tiers des revenus à l'entretien des « canaux, des ponts et des digues; la troi- « sième, de ne lever l'impôt qu'en nature

« sur les fruits que la terre produit. Salut. »

Le Nil croît régulièrement tous les ans vers le 20 juin jusqu'au commencement d'octobre, et il décroît d'octobre à janvier ; à la fin de mai il est rentré dans son lit et à son point le plus bas. L'aspect de l'Égypte inondée est très-extraordinaire et pittoresque.

SUR LE NIL.

Mardi 19 janvier 1864.

Le vent souffle dans nos voiles, sa voix monte, et les vagues se soulèvent. Les matelots font la manœuvre en suivant la cadence d'un chant doux et triste dont le refrain est *Eleyson*. Le mouvement de roulis est violent. Y a-t-il quelquefois sur le Nil des tempêtes et des naufrages? Las! où n'y en a-t-il pas?

J'ai cru que nous ne partirions jamais : j'avais accordé le vendredi; on y a ajouté le samedi, le dimanche et le lundi, car nous n'avons levé l'ancre, notre petite ancre! — qu'à quatre heures du soir hier, et encore que d'arrêts; le sensible capitaine, le Reïs-Ibrahim, vêtu d'une peau de satin noir naturelle et d'une *kamisse* ou longue robe bleue, a voulu revoir une dernière fois ses petits mauricauds ; au bout d'un quart d'heure de marche nous nous sommes arrêtés pour l'attendre. Nous en avons encore fait autant la nuit et ce matin, parce que notre cange prend l'eau. Mais le moyen de s'apercevoir de ces contretemps quand le soleil se couche dans un or si pur et si éclatant qu'aucun tableau n'a jamais pu vous initier à cette splendeur ; quand on côtoie des bois de palmiers, et que l'horizon est coupé par des files de chameaux, des fellâhs pittoresques, et les pyramides !

Le Nil est si agité que je puis à peine écrire, tout vacille, c'est un gros temps.

Notre installation est charmante : nous avons un très-joli petit salon garni de divans ; deux chambres à coucher de la grandeur du nid de l'alouette, et une à deux lits beaucoup plus grande au fond ; un pont avec des divans ; un pilote bronzé ; trois dindons ; vingt-cinq poules. Une bergeronnette vole, va et vient, mangeant les miettes ; un petit chat dort sur mes genoux. L'équipage est curieux ; j'en parlerai au fur et à mesure que l'occasion s'en présentera.

Nous sommes seules reines, souveraines et maîtresses de ces figures bistrées, et de la cange. Notre drapeau belge ne fait pas tout l'effet que nous attendions ; le marchand a trop épargné l'étoffe, il ressemble à un mouchoir de poche.

Il y a quelques jours, je suis montée sur un âne vif comme la puce pour retourner aux tombeaux des Mamelucks, à l'extrémité du Karaméïdan. J'ai passé au pied de la citadelle. Pauvres Mamelucks ! si puissants, si braves, si fanatiques : je suis en 1811. — Quel carnage ! La porte se ferme sur quatre cent soixante et un d'entre eux engagés dans un étroit passage ; des Albanais les fusillent du haut des murailles ; les chevaux se renversent sur les cavaliers. Le cliquetis des sabres, les cris, les décharges épouvantent la ville. Le sang ruisselle. Cavaliers, chevaux, armes étincelantes, habits et selles de brocart à franges d'or n'offrent plus qu'un hideux mélange. O justice de l'Orient ! Le tigre altéré dit ces seuls mots : « *A boire !* »

Il périt dans cette journée, tant en dehors qu'au dedans de la citadelle, vingt-trois beys, vingt-quatre kachefs et plus de mille Mamelucks. Ceux des provinces furent égorgés de même, et leurs têtes envoyées au Caire.

Sur le Nil, huit heures du soir.

Le vent est insupportable, il vient de nous donner un mouvement de roulis qui a renversé ma bougie et l'encrier.

Dix heures du soir.

Je reprends : Les sables où je marchais sont vraiment bien nommés *le champ de la mort*. On ne voit que monuments funéraires, que ruines, que petits dômes en ogive, que minarets, que petites piques divergentes recouvrant les trépassés.

Le vendredi, les femmes viennent aux tombeaux ; elles parlent à leurs morts comme s'ils étaient là les écoutant et les aimant !... elles y passent la journée. Les tombeaux en marbre de la famille de Méhémet-Ali sont d'une grande richesse, peints, dorés, sculptés. Je n'ai aimé que celui du vainqueur de Nézib, Ibrahim-Pacha.

La mosquée de l'iman Chafey, du temps de Saladin, m'a paru un vrai bijou, mais je n'ai pu que l'entrevoir : on m'avait jusque-là accordé de circuler autour des tombeaux, les pieds nus (sans exiger la corde au cou). Un effendi, qui écrivait, s'était même prêté avec douceur à me laisser prendre son écrit, ses plumes, son encrier en cuivre, long d'une coudée, mais les croyants de l'iman Chafey me fermèrent la porte au nez avec une précipitation dont j'essayai en vain de les faire revenir en criant de toutes mes forces par la serrure, au risque de troubler leurs oraisons : *Bachich, bachich !* Je ne pus voir les tapis, les riches dessins, le tombeau, le dedans de la coupole peinte et dorée, qu'au travers d'une grille. — Beaucoup de musulmans étaient là en prière.

O tristesse ! en Europe quelques femmes prient et animent seules le désert des églises. Ici les hommes remplissent les mosquées. Cette énigme m'occupe sans cesse et m'attriste.

Onze heures du soir.

Nous venons de toucher ; les hommes sont dans l'eau pour dégager la cange ; nous sommes ensablés, la terreur règne parmi les femmes !

Sur le Nil, mercredi 20 janvier 1864.

La nuit n'a été que trop tranquille. La voie d'eau s'est déclarée de nouveau, il a fallu arrêter encore. Enfin, à 9 heures du matin, nous avons tendu nos voiles. Dix ou douze mille oies sur un îlot, criant comme au Capitole, nous ont réveillées. Le paysage est devenu monotone et mon humeur farouche, la cange ayant fait encore deux arrêts ; et à présent, bon Dieu ! les matelots chantent en jouant du darbouka. Il n'y a plus de vent, nous marchons à peine. Le drogman déclare qu'il a trouvé le mal, qu'il manquait un clou à la cange, — quel clou ! — et que d'ailleurs nous avons fait la route qu'on parcourt généralement en quinze jours. Cela nous fait rire malgré nous.

Nous sommes coiffées à la chinoise. Mademoiselle de R. a une tunique de flanelle blanche et toujours son doux et bon caractère. J'ai mis par-dessus mes vêtements de deuil une sorte de guérite en laine blanche; je ne quitte pas mes lunettes bleues. Notre cuisinier Abaskander nous fait d'excellents dîners; le drogman Moussalli voudrait que nous mangeassions toute la journée, surtout quand sa barque est en arrêt.

Je ne puis penser sans une joie vraiment grande que je verrai bientôt Thèbes, ni me sentir au cœur de l'Égypte sans étonnement. — Est-ce moi!...

Quels tableaux, dignes du plus beau poème, les anciens ont tracés de la mère des sciences, de la savante et sage Egypte.

« Dans les premiers temps, les rois ne se « conduisaient point en Égypte comme chez « les autres peuples, où ils font tout ce qu'ils

« veulent sans être obligés de suivre aucune « règle ni de prendre aucun conseil : tout leur « était prescrit par les lois, non-seulement à « l'égard de l'administration du royaume, « mais encore par rapport à leur conduite par- « ticulière. Ils ne pouvaient point se faire ser- « vir par des esclaves achetés ou même nés « dans leur maison; mais on leur donnait les « enfants des principaux d'entre les prêtres, « toujours au-dessus de vingt ans, et les mieux « élevés de la nation; afin que le roi, voyant « jour et nuit autour de sa personne la jeu- « nesse la plus considérable de l'Égypte, ne fît « rien de bas et qui fût indigne de son rang. « En effet, les princes ne se jettent si aisé- « ment dans toutes sortes de vices que parce « qu'ils trouvent des ministres toujours prêts « à servir leurs passions. Il y avait surtout « des heures du jour et de la nuit où le roi « ne pouvait disposer de lui, et était obligé « de remplir les devoirs marqués par les « lois. Au point du jour il devait lire les « lettres qui lui étaient adressées de tous côtés, « afin que, instruit par lui-même des besoins « de son royaume, il pût pourvoir à tout et re-

« médier à tout. Après avoir pris le bain, il se « revêtait d'une robe précieuse et des autres « marques de la royauté, pour aller sacrifier « aux dieux. Quand les victimes avaient été « amenées à l'autel, le grand-prêtre, debout en « la présence de tout le peuple, demandait aux « dieux à haute voix qu'ils conservassent le « roi, et répandissent sur lui toutes sortes de « prospérités, parce qu'il gouvernait ses sujets « avec justice. Il insérait ensuite dans sa prière « un dénombrement de toutes les vertus pro- « pres à un roi en continuant ainsi : Parce « qu'il est maître de lui-même, magnanime, « bienfaisant, doux envers les autres, ennemi « du mensonge ; ses punitions n'égalent point « les fautes, et ses récompenses passent les « services.

« Après avoir dit plusieurs choses sembla- « bles, il condamnait les manquements où le « roi était tombé par ignorance. Il est vrai « qu'il en disculpait le roi même; mais il « chargeait d'exécration les flatteurs et tous « ceux qui lui donnaient de mauvais conseils. « Le grand-prêtre en usait de cette manière, « parce que les avis mêlés de louanges sont plus

« efficaces que les remontrances amères, pour « porter les rois à la crainte des dieux et à l'a- « mour de la vertu; ensuite de cela, le roi « ayant sacrifié et consulté les entrailles de la « victime, le lecteur des livres sacrés lui lisait « quelques actions, ou quelques paroles re- « marquables des grands hommes, afin que le « souverain de la république, ayant l'esprit « plein d'excellents principes, en fît usage dans « les occasions qui se présenteraient à lui. »

Passant des temps anciens aux modernes, je note dans mon journal que la police se fait avec vigilance dans les principales villes de l'Empire Ottoman, mais avec barbarie : le voleur est pendu à l'instant où il est pris ; le marchand qui vend à faux poids est cloué par l'oreille à la porte de sa boutique ; on massacre au hasard dans le village du coupable, etc.

Les Turcs déploient un grand luxe de fourrures. Ils aiment comme couleurs le blanc et surtout le vert ; le rouge et le jaune doivent être proscrits de leurs vêtements, mais ne le sont plus. Ils ne pourraient sans honte laisser croître leurs cheveux ; quant à la barbe, les musulmans ont pour elle un véritable respect.

C'est par leur barbe qu'ils jurent, la leur arracher est le plus grand outrage qu'on puisse leur faire. Ils se nourrissent principalement de volailles, de riz, de légumes, de fruits et de pâtisseries ; ils boivent du café et de l'eau mélangée de sirops et parfumée d'essence de rose ou de fleurs d'oranger; l'Alcoran défend le vin. Le dîner se sert sur un large plateau de cuivre émaillé posé sur un tabouret, les convives s'asseient autour, les jambes croisées. Les plats vont quelquefois jusqu'à trente. Il n'y a ni assiette, ni couteau, ni fourchette ; les viandes sont coupées d'avance en petits morceaux. Les femmes n'assistent point aux repas; leur habitation s'appelle harem (retraite sacrée); l'esclave la plus âgée transmet les ordres et reçoit par un tour les commissions.

Un Osmanlis riche et puissant se lève dès le point du jour, et dit le *Namaz* ou prière du matin. Il frappe ensuite dans ses mains ; un esclave lui apporte un vase et un bassin pour faire son ablution, un autre esclave lui présente un linge blanc pour qu'il s'essuie les mains, puis il fume et boit une tasse de moka. Le milieu du jour amène le dîner, toujours frugal, suivi du repos. Les parfums les plus odorants brûlent autour de lui ; des esclaves lui servent des sorbets parfumés de musc ; il fume encore, puis il entre seul dans le harem où ses femmes dansent en sa présence ou lui font de la musique. Le souper, pris aussi promptement que le dîner, termine cette journée monotone et vide. Les garçons se marient à treize ou quatorze ans, et les filles à onze ou douze. Les musulmans peuvent avoir quatre épouses légitimes. Le nombre des femmes des sultans a souvent dépassé 500. Sept d'entre elles portent le titre de *Kadine* et jouissent d'une certaine prééminence. La première qui donne un héritier à l'empire devient la sultane favorite et prend le titre de sultane *Asséli*.

Les Turcs n'ont ni science ni art. Ils fabriquent avec perfection les gazes, les mousselines brodées, les brocarts, les tapis, les maroquins.

Leurs maisons sont commodes et vastes. L'usage des vitres et des cheminées y est cependant inconnu. Tout y est simple, sauf le divan garni de tapis et de coussins ; ceux-ci font le tour de la salle de réception. Toutes les villes possèdent des bazars.

Les Turcs ont la tête si dure qu'on peut rarement les assommer, et que leur crâne se guérit des plus terribles blessures en quelques jours.

La gravité est la base du caractère des Orientaux. Le salut est plein de noblesse : on porte la main sur son cœur, à ses lèvres et au front. Un enfant n'oserait embrasser son père, il se contente de lui baiser le bas de la robe.

Sur le Nil, vendredi 22 janvier 1864.

Puissiez-vous, ô *my beloved*, n'avoir jamais de vents contraires! Le vent est bien revenu, mais il nous pousse vers le Caire ; nous nous sommes mis à la côte, et nous n'avons bougé ni jour ni nuit.

Descendus à terre ; marché dans le sable ; rencontré une quantité de carcasses de bœufs et de moutons. L'épidémie est violente; le bétail qu'on amène des pays étrangers meurt en arrivant.

Il fait froid le soir et le matin.

Avant-hier nous avons eu un coucher de

soleil qui m'a rappelé les plus belles peintures, en les dépassant comme la nature dépasse l'imitation. Le soleil, noyé dans des teintes orange et pourpre, se reflétait dans l'eau et faisait du Nil un fleuve qui semblait rouler l'or et les pierreries; une légère brise poussait si doucement la cange, qu'on ne la sentait pas marcher. Le paysage tranquille, immense, profond, resplendissait; tout était silence et grandeur. Quel moment! — Voguer sous ce ciel, dans cette majesté et ce calme avec un être aimé! n'avoir derrière soi ni regrets, ni tombeaux, ce serait le bonheur..... Je me demandais si Dieu avait accordé cette suprême félicité à quelques âmes. — Nous avons chanté l'*Ave maris stella.*

Funda nos in pace! C'est tout ce que je réclame.

L'eau du Nil est jaunâtre, mais très-agréable au goût, très-saine, elle a mille vertus, et c'est la seule dont les sultans de Constantinople aient la permission de boire. On leur en porte dans des tonneaux.

Samedi 23 janvier 1864.

Ménélas, retenu sur la côte d'Égypte par des vents contraires, immola deux Egyptiens de sa propre main, pour se rendre les dieux favorables. Je me sens comme lui capable de tout. Le vent est toujours contre nous, l'ironie nous a fait appeler notre immobile cange *Zéphyr*. *Zéphyr* a dormi en paix sans bouger jusqu'à une heure de l'après-midi. Nous avons été nous promener dans un bois de palmiers, de mimosas et de tamaris. Les Égyptiens que nous rencontrions nous regardaient avec bienveillance ; les femmes nous baisaient la main et se dévoilaient ; elles avaient tort : combien elles gagnent au mystère ! L'une détacha ses lourds bracelets d'argent et me les montra ; ils étaient entr'ouverts et tels qu'on en voit au musée Égyptien. Je ne pus parvenir à les mettre, il faut les faire glisser sur le bras d'une certaine façon. Leurs longues boucles d'oreilles à plusieurs pièces sont d'un modèle charmant, quelques femmes en ont aux narines, et cela n'est pas laid ; non, ce n'est pas laid. Ce qui est laid, c'est leurs mentons et leurs fronts tatoués en bleu. Toutes, riches ou pauvres, chrétiennes ou musulmanes, se teignent les mains de henné, et se peignent les yeux en noir comme dans l'antiquité.

Sur le Nil, même date, quatre heures.

Quel soleil ! quelle douceur dans l'atmosphère ! quelle sereine beauté sur les rivages !

Oh ! pourquoi, pourquoi laisser ramper ses pensées sur la route aux épines sanglantes du passé ? pourquoi laisser son cœur se briser au souvenir des morts, et de ceux qui, vivants, ont voulu être comme morts?... Que Dieu soit loué de tout ! Courage !

Je vais lire dans le Bossuet, présent des adieux. On ne pouvait avoir la main plus heureuse que de faire tomber sur le voyageur du désert cette manne excellente.

L'immobile *Zéphyr* me force à faire un peu d'histoire et de géographie. Les hiéroglyphes ne sont pas ce qu'il y a de plus clair, comme chacun sait, et l'obscurité de l'histoire égyptienne est au comble, les savants s'en étant mêlés. Manéthon, le grand-prêtre d'Isis, qui vivait à Héliopolis sous Ptolémée Philadelphe, serait le guide certain et érudit, mais ses ouvrages sont en grande partie perdus.

Les Égyptiens vinrent d'Asie, et la prodigieuse civilisation de l'Egypte commença par le nord et remonta le Nil. Ménès, qui vivait en 4455 avant Jésus-Christ, est le premier nom cité, et une des premières villes célèbres est Thinis (*teni*, des monuments) dont il reste des ruines près d'Abydos.

Ménès fonda Memphis sur la rive gauche du Nil, il en fit sa capitale. Ses successeurs régnèrent sur Thèbes, This, Eléphantine, Memphis, Tanis. On remarque la reine Nitocris qui avait bâti un palais sur un abîme d'eau, et y engloutit les assassins de son frère qu'elle avait conviés à un festin.

Les quatre premières dynasties, qui durèrent huit cents ans, couvrirent la vallée du Nil de villes nombreuses. On cite les noms de Busiris qui embellit Thèbes, d'Osymandias, etc. Les pyramides de Gizèh s'élevèrent sous la quatrième dynastie. Le Sésostris qui porta le titre d'Ousertesen II appartient à la douzième (2812 avant Jésus-Christ).

L'Ethiopie devint une dépendance de l'Égypte.

Le lac Mœris fut exécuté environ trois mille ans avant l'ère chrétienne.

Sous la quatorzième dynastie, les Hyksos ou rois pasteurs, hordes d'Arabes nomades, envahirent l'Égypte et y régnèrent cinq cent onze ans. Abraham, Joseph et Jacob vinrent en Égypte sous les rois pasteurs.

La dix-huitième dynastie (1706 avant Jésus-Christ) est une des plus glorieuses. Le Pharaon Amosis chassa les pasteurs, expulsés complétement de l'Egypte par Touthmosis III, qui poussa ses conquêtes jusqu'à l'Euphrate et les montagnes de l'Arménie, et au sud jusqu'au fond de l'Ethiopie. Thèbes fut la résidence de la dix-huitième dynastie.

La dix-neuvième, appelée Diospolite, a la gloire d'avoir donné à l'Égypte le grand Sésostris ou Ramsès II; il régna soixante ans et conçut le plan d'une monarchie universelle.

C'est sous le règne de son successeur, 1321 avant Jésus-Christ, qu'on place la sortie d'Egypte des Israélites sous la conduite de Moïse; d'autres auteurs disent que son père Aménophis est le Pharaon qui périt dans la mer Rouge à la poursuite des Hébreux.

Sous la vingtième dynastie la gloire des rois conquérants s'obscurcit; ils luttent avec désavantage contre les nations asiatiques. Sésack, de la vingt-deuxième dynastie, prend Jérusalem (965).

Vingt-cinquième dynastie, l'Egypte est déchue. Un roi d'Ethiopie s'en empare (715). Douze rois qui régnèrent à la fois construisirent le Labyrinthe près du lac Mœris. — Nékao, de la vingt-sixième dynastie, essaie d'unir par un canal le Nil à la mer Rouge.

En 527, Cambyse réduit l'Egypte en satrapies persanes et détruit une grande partie des monuments de Memphis et de Thèbes. Les rois persans règnent cent vingt-deux ans. En 332, l'Egypte est conquise par Alexandre le Grand; et, en 305, Ptolémée Lagus fonde la dynastie des Lagides, qui dura deux cent soixante-quatorze ans.

L'an 30 avant Jésus-Christ, Antoine et Cléopâtre sont vaincus par Octave ; l'Egypte devient province romaine.

L'Egypte, abaissée et ruinée par les Perses, recouvra le commerce et la puissance sous les Ptolémées ; ils élevèrent des temples à Thèbes, à Denderah, à Esnèh, à Ombos, à Edfou, à Philée, mélange de grec et d'égyptien, et décadence de l'art.

On compte trente-deux dynasties en Egypte.

Le christianisme s'y introduisit sous les Romains et à sa suite les solitudes de la Thébaïde se peuplèrent d'anachorètes.

En 389 après Jésus-Christ, l'empereur Théodose fit abattre le temple de Sérapis à Alexandrie et renverser les temples et les statues par toute l'Egypte. Les hiéroglyphes devinrent une énigme déchiffrée quatorze siècles plus tard par Champollion. En 395, l'Egypte fut attachée à Constantinople, et Amrou, lieutenant du kalife Omar, en fit la conquête en 640, aidé par les Coptes, ennemis des Grecs.

En 868, un Turkoman, Touloun, se rend indépendant et fonde la dynastie des Toulounides.

En 968, les sultans de l'Afrique occidentale s'emparent de l'Egypte.

Saladin, le héros de l'Islam pendant les deux premières croisades, fonde la dynastie Eyoubite (1171). Son armée était composée de cavaliers nommés *Serrâdjîn;* les croisés en firent le mot *Sarrasins.* En 1249, saint Louis, chef de la sixième croisade, prend Damiette; mais il est fait prisonnier en marchant sur le Caire.

Les Mamelucks détrônent les Eyoubites (1250), et sous leur domination il n'y a que troubles, guerres intestines, révolutions de palais, sultans tombant du trône par mort violente jusqu'au nombre de quarante-sept en deux cent soixante-sept ans.

1517, le grand sultan Sélim I s'empare de l'Egypte. Le corps de Mamelucks, composé des plus beaux hommes et des plus braves, ressaisit peu à peu l'influence. Leur chef, Ali-Bey, se déclare indépendant en 1767 et se rend maître de la Mecque. Ali-Bey ne prend les vingt-quatre beys du gouvernement que parmi les Mamelucks, qui se partagent tous les biens et toutes les places.

« Les Mamelucks naissent chrétiens : ils

sont achetés à l'âge de sept ou huit ans dans la Géorgie, la Mingrélie, le Caucase; des marchands de Constantinople les amènent au Caire et les vendent aux beys; ils .sont blancs et beaux hommes. Des dernières places de la maison ils s'élevaient progressivement et devenaient moultezims de villages, kiachefs, sous-gouverneurs de provinces, enfin beys. Leur race ne se perpétuait pas en Egypte. Ils se mariaient ordinairement avec des Circassiennes ou des étrangères. Ils n'en avaient pas d'enfants ou ces enfants mouraient avant d'être arrivés à l'âge viril. De leur mariage avec les indigènes ils avaient des enfants qui vieillissaient, mais rarement la race s'en perpétuait jusqu'à la troisième génération; ce qui les obligeait de se recruter par l'achat d'enfants du Caucase. On évalue à cinquante mille les Mamelucks, hommes, femmes, enfants, qui existaient en 1798. Ils pouvaient mettre douze mille hommes à cheval. »

L'expédition française dura quatre ans. Le 1er juillet 1798, débarquement des troupes à Alexandrie sous le général Bonaparte.

21 juillet, bataille d'Embabeh, appelée ba-

taille des Pyramides, où sept mille Mamelucks périrent. 23 juillet, entrée au Caire. 1er août, bataille *navale* d'Aboukir; Nelson détruit la flotte française. La bataille d'Aboukir (1799) oblige les Turcs et les Anglais à reprendre la mer. Magnifiques travaux de la commission scientifique de France, dans le sein de laquelle on distingue Denon, Geoffroy Saint-Hilaire, etc., etc., etc.

Embarquement à Alexandrie pour l'Europe du général Bonaparte (24 août 1799). Kléber est nommé commandant en chef.

1800, trahison des Anglais et violation de la convention d'El-Arich. Kléber bat les Turcs à Héliopolis (20 mars 1800). Le 14 juin, le général Kléber est assassiné au Caire. Le général Menou prend le commandement. — Abercrombie débarque à Aboukir à la tête d'une armée anglaise. 29 août, capitulation et évacuation de l'Egypte.

14 septembre 1800, l'armée française se rembarque à Aboukir pour la France, au nombre de vingt-quatre mille hommes. En 1798, à son départ de Toulon, elle était de trente-deux mille combattants.

1801, anarchie. 1806, Méhémet-Ali, Rouméliote de naissance, est nommé pacha par la Porte.

1807, les Anglais essaient de s'établir en Egypte par Alexandrie. 1811, massacre des Mamelucks, guerres, fondation de Kartoun. 1821, Méhémet-Ali fait creuser des canaux, cultiver les champs, élever des fabriques, organiser une flotte et une armée. Il veut régénérer l'Egypte. 1833, paix de Kutayèh entre la Porte et le vice-roi. 1839, victoire de Nezib, remportée par Ibrahim-Pacha, fils adoptif de Méhémet-Ali. L'Egypte est assurée à celui-ci et à ses descendants. 1848, Méhémet-Ali est atteint d'une maladie mentale à soixante-dix-huit ans. Ibrahim-Pacha est reconnu vice-roi. Il règne quatre mois. Abbas, son neveu, lui succède. 1849, mort de Méhémet-Ali. 1854, mort d'Abbas, auquel succède Saïd-Pacha, mort lui-même en 1861. Son neveu, le vice-roi actuel, se nomme Ibrahim-Pacha.

Je viens d'aller sur le pont; les montagnes

de la Libye m'ont paru pelées ; il y a trois palmiers du côté de l'Arabie. *Zéphyr* ne marchera qu'avec le vent, et pas un souffle dans l'air ; faisons un peu de géographie. Je prends presque tous ces détails dans Joanne.

L'Égypte est l'étroite mais merveilleuse vallée qui s'étend des cataractes d'Assouân à la mer. Le Delta, là où le fleuve se partage en deux branches principales, est sa partie la plus large et la plus fertile. En suivant les sinuosités du Nil, il y a d'Assouân au Delta trois cent dix-huit lieues. La vallée du Nil est partout entourée de déserts : à l'est jusqu'à la mer Rouge ce sont des solitudes pierreuses et accidentées, au nord-est les plaines nues de l'isthme de Suez, à l'ouest le désert sablonneux du Sahara ou Libye, au sud la Nubie. Les points du Nil les plus rapprochés de la mer Rouge sont à trente lieues. L'Égypte est à peu près, comme grandeur, la huitième partie de la France.

La Haute-Égypte s'appelle aussi Thébaïde ou Saïd. La population totale est d'environ trois millions d'habitants. La Mecque appartient au vice-roi.

« Le climat de l'Égypte est très-chaud ; il n'y pleut presque jamais, on n'y connaît que deux saisons : le printemps, de novembre à février, et l'été qui dure le reste de l'année. L'air y est extrêmement sec, le vent du désert exerce de très-grands ravages, les ophthalmies y sont très-fréquentes. Le sol de l'Égypte n'est fertile que dans la vallée du Nil, le reste est un vaste désert de sable; la fertilité elle-même dépend de l'inondation régulière du Nil qui a lieu entre le solstice d'été et l'équinoxe. Mais, d'un autre côté, si la crûe s'opère dans les conditions convenables, la récolte est d'une abondance et d'une richesse extraordinaires. On récolte le maïs, le blé, le riz, le millet, les légumes de toute espèce, le coton, l'indigo, le lin, le chanvre, etc. On y élève de nombreux troupeaux de chameaux, de mulets, d'ânes, de chevaux, et une grande quantité de volailles. On y trouve des lions, des hyènes et des chacals. Les hippopotames et les crocodiles, autrefois très-communs, y sont aujourd'hui fort rares. L'Égypte a peu de mines, mais on y trouve des carrières de marbre blanc et de porphyre et beaucoup de natron. —

L'arabe est la langue dominante. » (Bouillet.)

Religion égyptienne. — Je n'ai trouvé dans aucun livre rien qui me satisfasse ; cette religion était-elle le panthéisme où toutes les forces de la nature sont divinisées ?

On croit que l'Égypte plaçait au-dessus des dieux, un Dieu sans nom, éternel, infini, la source des choses. C'était, peut-être, le soleil, *Ptah*, dieu de la lumière, ou *Ra*, ou *Phra!*... Les carottes, les navets, tous les légumes étaient de petits dieux. Personne n'ignore le culte rendu au bœuf Apis, au crocodile, à l'ibis, à l'ichneumon, au chat, à Anubis le chien, etc. Enfin dans cette savante Égypte « tout était dieu, hors Dieu lui-même. » Les adeptes croyaient à une autre vie ; six cent soixante-cinq *décans* ou démons étaient chargés, pensait-on, de chaque jour de l'année.

Memphis, la ville de *Ptah*, adorait encore *Ra*, *Osiris*, *Isis*, *Athor* et douze autres grands dieux. Les grands dieux de Thèbes étaient *Amoun* et Savak à tête de crocodile. Il y avait douze petits dieux présidés par Thot, dieu de l'écriture, et trente demi-dieux. Ra, ou dieu-soleil, est représenté avec un disque sur la tête; son corps est rouge, il a pour symbole l'épervier, souvent même il a une tête d'épervier. Il est le père des dieux.

Ptah, dieu du feu, est appelé Vérité, roi des deux mondes, dominateur; il est représenté sous l'image d'un enfant nu ou enveloppé de bandelettes, pour signifier que la lumière renaît et est néanmoins immuable. Il tient un nilomètre à la main ou une croix ansée. Sa tête porte souvent le scarabée, ou même il se transforme entièrement et prend la forme de cet insecte; le bœuf Apis, je crois, le représentait. *Neith*, dont la figure est peinte en vert, porte une couronne rouge et elle tient des fleurs ou un arc et des flèches; elle est mère du Soleil et de la fécondation de la nature.

La déesse *Pacht* a l'honneur d'être représentée avec une tête de lion, quelquefois surmontée du disque solaire. Elle a à la main la croix ansée. La chatte lui était consacrée. *Amoun*, le dieu caché, est représenté la tête surmontée de deux plumes droites. Il devint le plus grand dieu. Le bleu est sa couleur; celle de *Knepf* à la tête de bélier est le vert.

Celui-ci est appelé le maître des inondations; plus tard on le confondit avec Amoun, qui prend parfois les cornes et même la tête du bélier. La déesse *Mont*, qui se place à côté d'Amoun, est représentée sous la forme du vautour qui lui était consacré, ou coiffée de cet oiseau.

A *Thot* on donne souvent une tête d'ibis; il tient la tablette, le poinçon à écrire et la branche de palmier. Tantôt il a la tête du cynocéphale et deux plumes d'autruche qui signifient la justice; ce n'est pas bien flatteur.

Osiris porte des oreilles d'âne. Son frère Typhon fait tout mal: il brûle, il incendie, il est la stérilité et les ténèbres. Il massacra son frère, le bon Osiris, mari d'Isis, qui parvint à le rendre à la vie.

Horus a le doigt posé sur ses lèvres; quelquefois il est représenté avec la tête d'épervier. Athor, la Vénus égyptienne, est représentée avec un tambourin. Elle a des cornes et une tête de vache. Le tamaris toujours vert et le héron étaient consacrés à Horus. Son attribution principale était la souveraineté du monde inférieur. Isis, la grande déesse, l'épouse royale, personnifie la force reproductrice; elle porte des cornes ou la tête de la vache, etc. Je ne me rappelle pas tous les dieux de l'Amenti.

Je viens d'appeler le drogman pour lui demander si nous allions marcher. Sa douce figure a pris une expression de reproche ; il s'est appliqué le pouce et l'index sur la tempe gauche, signe d'un discours important. « Excellence, a-t-il dit, c'est aujourd'hui samedi, et nous n'avons quitté le Caire que lundi ; beaucoup de voyageurs ont mis trois semaines pour arriver où nous sommes.

— Où sommes-nous donc, Moussalli ?

— L'endroit n'a pas de nom.

— Et la distance ?

— Dix lieues du Caire ! »

Passons aux hiéroglyphes. J'ignorais complétement que les malheureux Égyptiens avaient trois sortes d'écritures : *hiéroglyphique*, *hiératique* et *démotique*. Hiéroglyphe vient de *hiéros*, sacré, et *glypho*, sculpter, c'est l'écriture monumentale qui se lit en lignes verticales. Les prêtres seuls en avaient l'intelligence complète.

Les mêmes signes abrégés s'appellent *hiératiques* : les lignes sont horizontales et se lisent de droite à gauche. L'écriture *démotique* est une altération des signes hiératiques, c'était la langue vulgaire. Les hiéroglyphes sont des symboles qui représentent souvent ou l'objet ou le son.

La cange aura beau s'arrêter, je ne dirai rien de l'architecture, puisque je vais voir et décrire. Je sais qu'elle étonne de perfection dès le commencement du monde, que les bas-reliefs sont coloriés avec soin, que les blocs sont enlevés, taillés et posés d'une façon si merveilleuse que les Arabes restent persuadés que des génies seuls ont pu le faire. Les gravures, d'abord en relief, sont faites en creux vers 3400 avant Jésus-Christ. Une merveille du monde, le labyrinthe du Fayoum, a été construit vers cette époque. La dix-huitième dynastie vit les arts refleurir et atteindre leur perfection (1700 avant Jésus-Christ) ; la décadence commença à se montrer sous Ramsès II le grand Sésostris. La célèbre statue du roi Sabaka, qui est à la villa Albani, à Rome, faite de prime d'émeraude, est du VIIe siècle avant Jésus-Christ. La matière est admirable et la sculpture mauvaise.

Le *Nil* a des sources inconnues ; il coule au sud du Darfour, franchit six cataractes, arrose l'Égypte et se jette dans la Méditerranée, après un cours de mille trois cent soixante-quinze lieues. La grande largeur du fleuve est de mille deux cents mètres (*) dans le sud ; dans le Delta six cents mètres seulement ; les berges s'élèvent à onze mètres dans la Haute-Égypte ; dans le Delta elles n'en ont que deux. Pour que la crûe soit bonne, il faut que les eaux montent de treize à quatorze mètres là où les berges sont élevées, et de huit à neuf mètres autre part. Ce sont les mêmes chiffres que

(*) La Seine à Paris a 800 mètres de large.

ceux d'Hérodotus, comme disent les Anglais. Hérodotus voyageait en Égypte, il y a trois mille trois cents ans! J'aurais bien voulu le voir. Que de jolies histoires il savait, et il paraît qu'il est presque toujours exact. — Il y a une grande fête en Égypte le jour où les eaux atteignent la hauteur qui amène l'abondance.

J'ai dit que le fleuve croît du 20 juin au commencement d'octobre et décroît d'octobre à janvier, et rentre dans son lit de mars à la fin de mai. Son inondation est attribuée aux pluies qui tombent dans l'Abyssinie, opinion qui était celle des anciens prêtres d'Égypte.

Dimanche 24 janvier 1864.

Je craignais que *Zéphyr* ne fût en catalepsie cette nuit, tant il était resté paisible, mais non, il dormait, et après le déjeuner il vient de se mettre en marche, traîné par huit fellâhs. Nous allons *piano ma mai lontano;* n'importe, le drogman dit que nous arriverons! « Ce but est donc comme la mort, lui répondons-nous, puisqu'on l'atteint toujours. » Moussalli n'aime point cette réflexion philosophique.

Eh bien ! voici ce qu'il faut aimer, voici ce qu'il faut haïr. Il faut aimer les humbles fellâhs, qu'on appelle le peuple de Pharaon, parce qu'ils sont les descendants des anciens Égyptiens. Les peintures d'il y a quatre mille ans semblent leurs portraits exacts. Leur teint est olivâtre ou bronzé ; leurs yeux sont noirs, longs, fendus en amande et à demi clos comme ceux des serpents, leurs traits réguliers et beaux parfois, sauf le menton qui est un peu lourd. Ils sont d'une taille ordinaire, se revêtent de la kamisse ou robe bleue, s'enveloppent dans le machlâh, manteau brun qui me paraît d'une seule pièce, et portent le turban. Rien n'est plus doux, plus patient, plus docile que le fellâh ; sa marche a de la noblesse ; et sa femme, quand elle est arrêtée, une ballas ou grand vase de terre dans lequel on porte de l'eau sur la tête, fait penser à une statue. Comme il est convenu ici pour les femmes que ce qu'il faut voiler est la figure, souvent on croit voir devant soi un beau bronze sur le visage seul duquel le sculpteur, par un étrange caprice, a jeté un voile. Les fellâhs vivent dans des maisons faites en terre. Quand il pleut, elles se délaient et tout disparaît.

On ne sait plus rien de rien dans cet heureux pays à présent, ni lire, ni écrire ; pourtant la race est pleine d'intelligence, mais le despotisme la tient dans l'enfance et la pauvreté.

Il faut aimer aussi, mais modérément, les Arabes fidèles à leur parole et religieux. Ce ne sont plus les Maures d'Espagne ni du Maroc, beaux comme le jour, poétiques et chevaleresques, oh ! non ! et d'ailleurs ceux-ci ont renversé l'Église d'Égypte et brûlé en partie la bibliothèque de sept cent mille volumes d'Alexandrie.

Il n'y a pas à dire : il faut haïr les Turcs gras, hébétés, sanguinaires. Et que dirai-je des Européens, dont la plupart apportent ici tous les vices et qui seront l'éternel obstacle à la conversion des infidèles?....

Il fait froid. Le soir et le matin nous mettons nos manteaux. Quand la cange s'arrête, — elle ne fait que cela, — nous nous promenons sur le rivage. Hier mademoiselle de R. a ri de bon cœur. Elle était à terre ; j'apparus sur la berge dans ma guérite de laine blanche, avec des lunettes bleues garnies d'un grillage, un chapeau de feutre blanc à larges bords, un voile bleu, des bottes jaunes, un parapluie de coton blanc doublé de vert. Ma suite, composée de madame Waudru et de M. Xiste, ne valait pas mieux. Mademoiselle de R. avait sa tunique blanche, ses lunettes, son parapluie de coutil gris, son chapeau mou de feutre gris.

« Que doivent penser les Arabes de l'élégance et du bon goût des Européennes ? » me dit-elle. Nous avions de plus un mètre ou deux de percale blanche roulée autour de nos chapeaux et qui nous pendait sur le dos, car on ne peut prendre trop de précautions contre le soleil.

Lundi 25 janvier 1864.

Il y a aujourd'hui huit jours que notre vie

a commencé de couler goutte à goutte. L'immobile *Zéphyr* dort la nuit, il dort le jour ; il a fait semblant de marcher et a mis deux heures pour faire une demi-lieue. Nous étions sur le rivage, nous asseyant, mangeant des oranges, marchant au petit pas ; nous l'avions perdu de vue et ce n'est que vers le soir qu'il nous a rejoints. Jamais nous n'arriverons pour le dimanche des Rameaux à Jérusalem.

Nous sommes encore loin des ruines. Que de choses ! que de choses je rêve dans ces longues heures où la brise ride à peine la face de l'eau, où les monts arabiques, les champs, le désert sont inondés de cet incomparable soleil de l'Orient ! — Que ne sont avec moi, sur cette barque, remontant lentement le fleuve de la vie, tous ceux que j'aime !...

Mardi 26 janvier, en vue de Béni-Hassan.

Un miracle : *Zéphyr* marche. Il a fait une cinquantaine de lieues en neuf jours entiers ; mais cette nuit, à cette heure, il court. Puisse cette ardeur durer ! Béni-Hassan est une ruine importante ; nous ne la verrons qu'en redescendant, notre but actuel est la première cataracte.

Parlons du beau Saïl. Le beau Saïl est un jeune homme de l'équipage auquel le drogman a donné la charge de nous accompagner lorsque nous allons à terre. Jamais tête de bronze ne fut plus belle. Ses yeux noirs magnifiques sont si doux que je n'en n'ai vu de pareils qu'à *Tom*, un petit king's-Charles que j'ai eu.

Tout est parfait en lui, jusqu'à son turban blanc et les plis de son machlâh ; il marche un bâton à la main, tel que nous nous figurons Jacob en Mésopotamie.

Ce peuple-ci a une rare distinction naturelle, ce qui rend possibles et point choquants les tours de roue de la Fortune. Méhémet-Ali fut, je crois, comme Mahomet, simple chamelier, et les puissants Mamelucks commençaient par l'esclavage. Puisse le beau Saïl, si grave, si respectueux, si gentleman et si pauvre, devenir un grand pacha!

J'ai fait le recensement de l'équipage. Il est composé de quinze hommes de toutes couleurs. Le pilote ressemble au sphinx de Gisèh, et il en a souvent l'attitude. Le drogman Joseph Moussalli est un catholique syrien très-doux, très-fidèle à sa parole, et qui parle parfaitement plusieurs langues. Le cuisinier Abascander au turban noir est Copte. Le reïs, fellâh par essence, s'est coupé une phalange d'un doigt et arraché deux dents de devant pour échapper au recrutement. Hazam, le marmiton jaune, a dix-huit ans, une femme noire et un petit garçon garance qui fait son bonheur. C'est lui que mademoiselle de R. a chargé d'attraper les araignées aux pattes velues et longues de quatre centimètres. Tous sont musiciens, ils chantent d'une voix qui me rappelle celle des fileuses. Il y a aussi un danseur, qui danse en s'aidant d'un long bâton; nous croyons voir un singe, ce parent méconnu et renié, dit un auteur français.

Sur le Nil, mercredi 27 janvier 1864.

Nous marchons encore! Mais, bien entendu, *Zéphyr* a dormi sans bouger toute sa nuit. Nous passons devant des fabriques de sucre en grand nombre, sucre de cannes que nous trouvons inférieur à l'humble betterave.

La nuit.

Les étoiles brillent aux cieux. Nous voguons doucement ; l'air a des parfums. Quelle belle nuit, quel calme, quel rêve accompli ! Quelle voûte qui raconte la gloire de Dieu !.....

Le vent nous a été favorable toute la journée. Nous avons passé entre des rives chargées de bois de palmiers où voltigeaient des huppes et des tourterelles, et au pied d'un imposant rocher. Nous voyons des oies, des canards, des ibis, des aigles ; des bateaux à vapeur remontent ou descendent le Nil, ainsi que des barques chargées de paille hachée ou de poteries. Bientôt, bientôt nous serons à Thèbes aux cent portes. Moussalli croit pouvoir demain faire partir mes lettres de Syout. Hélas !

moi, je n'ai reçu mot de qui que ce soit. Toutes les lettres auront manqué le bateau de France qui est arrivé au Caire avant mon départ pour la Haute-Égypte.

Sur le Nil, vendredi 29 janvier 1864.

Nous sommes descendus hier à Syout vers deux heures, par le plus beau temps du monde, et le plus doux. Syout, l'ancienne Diospolis, est pour l'importance la troisième ville d'Égypte; elle se déploie, minarets en tête, belle et pleine de grâce, aux pieds des monts Libyens.

Tous les ânes de la terre étaient réunis sur le rivage pour nous recevoir. Quel concert! Notre cuisinier partit en avant au grand galop pour faire les provisions. La tunique blanche, les lunettes vertes, le chapeau mou de feutre gris, le parapluie de coutil, se juchèrent commodément sur un gros et grand baudet presque aussi blanc que la tunique. Madame Waudru et moi nous fîmes les difficiles, nous en essayâmes trente-six : l'un ruait, l'autre mordait, le troisième chantait; enfin, un tout jeune bourriquier jaune foncé, qui pleurait de ce que son âne, petit, maigre et de piètre apparence, avait été dédaigné, m'a émue; je l'ai pris, et mon cœur excellent (on peut vanter son cœur) a été récompensé; jamais je n'eus de monture si pétulante et si docile en même temps; j'allais comme le vent.

Une magnifique allée de mimosas en fleurs nous conduisit chez le riche Abdel-Abdoul-al-Melek, l'agent consulaire auquel je voulais confier mes lettres. Nous traversâmes d'obscurs bazars où l'on vend de belles broderies sur cuir et des poteries rouges renommées; j'en ai acheté.

Notre étrange cortége s'arrêta à l'entrée d'une cour spacieuse, et Joseph Moussalli porta nos lettres. Plusieurs envoyés d'Abdel-Abdoul-al-Melek vinrent nous prier d'entrer. Je refusai poliment, en mettant la main sur ma tête et en faisant de grands salamaleks du haut de mon baudet. Trois Arabes d'une beauté frappante sortirent de la cour, et joignirent leurs instances aux autres. Il fallut descendre. Nous nous élançâmes à terre aussi majestueusement que possible, car les Arabes aiment la noblesse et le faste, et d'un pas lent nous fîmes notre entrée. Hélas! je m'aperçus trop tard que nous avions gardé nos lunettes grillées qui font de gros yeux monstrueux, et, pour dire la vérité, seul Moussalli avait bonne figure dans le tableau, avec ses larges pantalons verts, son gilet et sa ceinture en cachemire des Indes, sa petite veste noire et son beau turban.

La cour, très-grande, était ornée d'un portique à colonnes de bois. Abdel-Abdoul-al-Melek, Copte fort riche, entouré d'amis, se tenait assis sur un beau tapis où il pria de prendre place mademoiselle de R. et madame Waudru; Xiste et le drogman étaient debout à gauche. Pour moi je ne sais si à la gravité de ma marche on m'avait jugée raide et infirme, mais on m'honora d'une chaise de paille. Après avoir porté de part et d'autre plusieurs fois nos mains sur le cœur, aux lèvres et sur la tête, et nous être fait dire des choses orientalement polies par le drogman, on nous servit un sorbet à l'eau de rose, et du moka exquis et *sucré*. Le café sucré paraît aux Orientaux si extraordinaire, qu'on trouve dans les poésies arabes faites en l'honneur de Bonaparte, et après l'énumération de ses victoires : « O « toi ! grand soleil d'Europe ! tu prends ton « café avec du sucre ! »

Nous avons gravi la montagne de Libye et visité les hypogées qui sont dans le roc. Ils ont été ravagés. Les salles sont immenses, il reste quelques peintures, des sculptures, des hiéroglyphes et des momies jetées çà et là. Je ne puis m'habituer à cette profanation du repos des morts ; il y en avait en plein air parfaitement conservées et entourées de leurs bandelettes. Mes propres fellâhs frappèrent dessus à grands coups de bâton, cassèrent les jambes et arrachèrent des dents et des cheveux. Je les fis finir avec horreur.

Les plafonds des hypogées sont peints d'étoiles jaunes, parsemées dans un certain arrangement, sans doute symbolique, car on le retrouve presque partout sur un fond bleu d'azur. D'autres plafonds sont peints d'arabesques mélangées à des fleurs de lotus. On voit souvent représentée une figure en bas-relief qui tient un bâton à la main : est-ce le gardien, est-ce une divinité subalterne?

Une grande salle était décorée de statues dont il ne reste plus que les piédestaux. Les tableaux, bien conservés, représentent des sacrifices et l'immolation des victimes; on croit que c'était un temple placé au milieu des tombeaux. A gauche, nous avons vu des sortes de puits que les Arabes nous ont assuré être remplis encore de momies. Les couvercles de trois sarcophages de diverses grandeurs ont été brisés.

Plus haut, dans la montagne, on a cru reconnaître des hypogées destinés aux animaux sacrés, et retrouver des restes de chats, d'oiseaux de proie et de chacals pieusement emmaillotés.

Il y a vers le sud de la montagne des retraites souterraines taillées dans le roc et qui furent peuplées, dans les premiers temps du christianisme, par des anachorètes.

Nos cinq ânes, nos cinq bourriquiers et nous, nous revînmes à la cange au trot et au galop; plusieurs canges étaient amarrées à côté du fameux *Zéphyr* (à propos, il marche piano, piano, mais, enfin, il avance). L'équipage de l'une était] descendu et composait un tableau qui nous arrêta. De noirs esclaves accroupis mangeaient une sorte de bouillie; le maître, debout, enveloppé dans un cachemire des Indes, portait un turban de cachémire blanc, brodé en couleur, de la plus charmante coquetterie, et me fit penser à tout ce que j'ai vu de plus beau : il avait des yeux noirs doux et calmes, des traits d'une rare finesse et perfection, de petites mains et de petits pieds, une peau d'ébène fine et unie comme le satin. Nous voulûmes savoir d'où il venait. Ce bel enfant de la sombre nuit est né en Nubie. Je n'aurais jamais cru qu'il y eût de tels mauricauds, et je ne suis plus si étonnée de la folle tendresse de Desdemonda pour le jaune Othello.

Xiste s'est donné une entorse sur la cange en nous servant à dîner.

La nuit.

Vie solitaire de la cange, entremêlée de rêveries et de pensées sérieuses, de paysages aux horizons coupés par des palmiers, des montagnes et des pyramides, de tableaux magiques qui se succèdent, où l'on voit des monceaux d'or jetés à profusion par le soleil sur des campagnes d'émeraudes, et le fleuve rouler des flots de rubis et de topazes teints par le couchant ou par l'aurore, je ne t'oublierai jamais !..........

Que d'illustres voyageurs sont venus ici ! L'antiquité nomme Cécrops, Inachus, Homère, Platon, Lycurgue, Pythagore, Hérodote, Strabon, etc., etc., et certes, je n'oublie ni les Hébreux ni la Sainte Famille.

Sage et savante Égypte ! qui aviez plus de raison que de poésie, plus de science que d'imagination ; dont l'emprunteur donnait pour gage le corps de son père ; dont le parricide tenait sa victime trois jours embrassée ; Égypte profonde ! qui appeliez vos palais des hôtelleries et vos tombeaux des maisons éternelles, qui faisiez promener un cercueil autour de la table du festin, que vaine est votre sagesse ! que hideux sont vos symboles religieux ! qu'horrible est votre morale et votre despotisme !

Oh ! combien retentit à mon oreille et dans mon cœur la voix la plus auguste du monde, et que j'entendis un jour au Vatican, qui disait à nous, fidèles agenouillés, retenant avec peine nos larmes d'amour et de vénération : « *Bénissez Dieu qui vous a fait naître dans la vérité !...* »

Nous avons vu aujourd'hui beaucoup de palmiers doumbs dont le fruit très-dur sert, je crois, à faire de l'huile. Nous entrons, si nous n'y sommes déjà, dans la Thébaïde, si célèbre, ainsi que Scété, par ses solitaires. — Il y a bien des années, bien des siècles même, deux anachorètes traversaient le Nil dans une barque où se trouvaient quelques officiers ; ceux-ci, frappés de la paix des pères du désert, se demandaient comment on pouvait être heureux dans une telle vie et dans une telle pauvreté. « Sans doute, dit Macaire d'Alexandrie, « car c'était lui accompagné de Macaire d'E-« gypte, nous sommes très-heureux parce que

« nous méprisons le monde, mais que penser « de ceux qui se plaisent dans ses chaînes? » Et il fit une peinture si animée du dégoût des plaisirs, et du bonheur éternel, qu'un des officiers distribua son bien aux pauvres et alla terminer ses jours dans une caverne.

Macaire était sorti du peuple; tout jeune il se rendit dans la Basse-Egypte, illustre, aux yeux des enfants de la pénitence, par ses trois déserts contigus : le désert de Scété, celui des Cellules, et celui de Nitrie, à quinze ou vingt lieues d'Alexandrie, vers la mer Rouge. Là, une grande multitude de chrétiens s'appliquaient à la prière, à la méditation et au travail des mains; ils faisaient des paniers et des nattes. Saint Macaire d'Alexandrie résidait d'ordinaire aux Cellules, dont la règle était d'une extrême austérité. Les frères ne se voyaient qu'à l'église, et seulement deux fois par semaine. Le saint, bien qu'il ne vécût pendant des années que de pain et de légumes, parvint à une extrême vieillesse, et mourut en 394.

Saint Macaire d'Egypte, qui avait été en butte à la calomnie, disait souvent : « Imitez les morts, ne soyez sensible ni aux mépris, ni aux éloges du monde. »

Après dix ans de calme, une furieuse persécution de l'empereur Dèce s'éleva contre les chrétiens : on les garrottait, on enduisait de miel leurs membres meurtris, et on les abandonnait à la piqûre des insectes, on les brûlait vifs, ou on leur tranchait la tête.

Paul, né dans la Basse-Thébaïde, se cacha dans une maison de campagne ; mais, dénoncé par son beau-frère qui voulait s'emparer de ses grands biens, il s'enfuit au désert et se nourrit des fruits d'un palmier jusqu'à cinquante-trois ans ; il se couvrit de ses feuilles ; le reste de sa vie il fut miraculeusement nourri de la moitié d'un pain qu'un corbeau lui apportait chaque jour.

Antoine, qui vivait non loin de là dans la plus terrible pénitence, fut tenté de vanité, il se disait : « Je suis le plus ancien solitaire. » Il reçut un ordre du ciel de se rendre auprès du saint qui lui serait désigné. Il se leva aussitôt, prit son bâton et marcha deux jours et deux nuits devant lui ; il arriva à la caverne de Paul, et le pria avec les plus vives instances d'ouvrir : les deux saints s'embrassèrent, et s'appelèrent par leurs noms sans s'être jamais vus. « Voilà, lui dit saint Paul, celui que vous « avez cherché : un corps consumé de vieil- « lesse, une tête couverte de chéveux blancs, « un homme qui bientôt ne sera plus que « poussière. » Puis il demanda : « Les hommes « bâtissent-ils encore des maisons et des vil- « les ? » Et tandis qu'il parlait, le corbeau laissa tomber un pain entier. Les deux saints passèrent le reste du jour et de la nuit en prières. Le lendemain, Paul dit à Antoine : « Allez « chercher pour m'ensevelir le manteau que « vous a donné l'évêque Athanase. » Antoine, ému de cette révélation faite au saint anachorète, partit aussitôt. Pendant son voyage, il vit dans les airs une grande clarté, et entendit des chants délicieux ; c'était l'âme de Paul qui entrait dans le ciel. Il le trouva à son retour mort à genoux, et enveloppa son corps du manteau de saint Athanase. Deux lions vinrent creuser une fosse profonde et se retirèrent ensuite. Saint Paul avait cent treize ans, quand il mourut en 342. Il vivait dans la solitude depuis l'âge de vingt-trois ans.

Saint Antoine naquit dans la Haute-Égypte. A vingt ans il était orphelin et riche. Il entendit l'appel sacré et y répondit. Un jour, à l'église, il sentit que ces paroles de l'Evangile s'adressaient à lui : « *Si vous voulez être par-* « *fait, allez, vendez tout ce que vous avez, don-* « *nez-le aux pauvres, et vous aurez un trésor* « *dans le ciel. Venez alors, et suivez-moi.* » Il vendit tout et suivit Jésus crucifié en Thébaïde, écoutant avec docilité les avis des solitaires. Sa cellule devint l'arène du plus terrible et du plus important des combats ; son cœur et son esprit semblaient tomber en défaillance. L'épouvante, la crainte, l'amour mauvais s'en emparaient tour à tour, mais sans jamais influencer sa volonté. Parfois il se représentait qu'il était inutile dans le désert, qu'avec sa fortune, son esprit, sa position, il aurait fait un grand bien dans le monde et parmi les pauvres ; à cette tentation subtile il répondit comme aux autres, par des mortifications qui épouvantaient la nature. Après le coucher du soleil, il prenait un peu de pain, de sel et d'eau ; quelquefois il restait deux ou trois jours en prières sans prendre aucune sorte de nourriture. Son lit était une natte de joncs.

De nombreux disciples se rendirent auprès de lui, et fondèrent le monastère de Phaïum, auprès d'Aphrodite. La persécution de Maximin arracha Antoine au désert ; il partit pour Alexandrie, proclama la vérité de la religion, et soutint la force des martyrs. Puis il se retira au mont Calzin, sur les bords de la mer Rouge, étonnant les anachorètes et les saints par l'éclat de ses vertus. Il priait jour et nuit. Le monde se précipita vers lui. Macaire, son disciple, lui annonçait sous le nom d'*Égyptiens* les curieux importuns, et sous celui de *Jérosolymitains* ceux qui venaient pour s'instruire véritablement. L'empereur Constantin et ses fils, Constant et Constance, lui écrivirent pour implorer ses prières. Ses disciples en furent émus et surpris : « C'est un homme « qui écrit à un autre homme, leur dit-il ; « étonnez-vous plutôt de ce que Dieu a voulu « nous faire connaître ses volontés par les « Ecritures, et nous parler par son propre « fils. » A cent ans, le grand solitaire reparut à Alexandrie, pour combattre l'hérésie des ariens. Il s'endormit dans le Seigneur dans sa cent cinquième année. Il était né en 251.

Que la liste des Pères du désert est longue, que leurs exemples sont admirables, et comment choisir entre les Pacôme, les Arsène, les Antoine, les Paul, les Hilarion, etc. ?

Arsène éleva les enfants de Théodose; il avait de grandes charges à la cour, mais Dieu lui dit au fond du cœur : « Arsène, fuis la « compagnie des hommes, et tu seras sauvé. » Après onze ans passés à la cour, il se rendit au désert de Scété, qu'il édifia par sa pauvreté humble et mortifiée. Il tomba malade; on lui fit une couchette de peaux de bêtes et on lui donna un oreiller. Un moine, l'étant venu voir, s'en scandalisa : « Quoi, s'écria-t-il, est-ce là Arsène ! » Le prêtre qui soignait l'ancien ami de Théodose prit le moine à part et lui demanda quelle profession il avait exercée. — « J'étais berger, répondit-il, et j'avais beau« coup de peine à vivre. » — « Arsène était « dans le monde le père des empereurs, reprit « le prêtre. Il avait à sa suite cent esclaves ha« billés de soie et ornés de bracelets et de « ceintures d'or; il était mollement couché « sur des lits magnifiques. Pour vous, qui

« étiez berger, vous vous trouviez dans le « monde plus mal qu'ici. » Le moine, touché de ces paroles, se prosterna en disant : « Par« donnez-moi, mon père, j'ai péché ; je re« connais qu'Arsène est dans la vraie voie de « l'humiliation. » — Saint Arsène disait souvent : « *Je me suis toujours un peu repenti « d'avoir conversé avec les hommes, et jamais « d'avoir gardé le silence.* » Il se demandait plusieurs fois par jour : « Pourquoi as-tu quitté le monde et pourquoi es-tu venu ici ? »

Il passa quarante ans au désert. Pendant son agonie, il pleurait. Un frère lui dit : « Pour« quoi pleurez-vous ?—Je suis saisi de crainte, « répondit Arsène, et cette crainte ne m'a pas « quitté depuis que je suis venu au désert. »

— Et nous, que dirons-nous donc dans l'attente des jugements de Dieu ?.....

Il faut m'arrêter bien à regret et ne pas cueillir davantage dans cette moisson des serviteurs de Dieu. Voici pourtant encore l'humble et belle prière de saint Pacôme :

« O Dieu, créateur du ciel et de la terre ! « jetez sur moi un regard de pitié. Délivrez-« moi de mes misères ; enseignez-moi le moyen « de me rendre agréable à vos yeux ; tout mon « désir et toute mon étude seront de vous ser-« vir et d'accomplir votre sainte volonté. »

Pacôme bâtit six monastères dans la Thébaïde et eut jusqu'à sept mille religieux sous sa direction.

Saint Jean d'Egypte, ermite de la Thébaïde, mura la porte de sa cellule.

Saint Sérapion, tiré du désert pour être nommé évêque, disait souvent : « L'esprit est « éclairé par la science ; les passions de l'âme « sont guéries par la charité ; la pénitence « soumet les sens révoltés. »

Saint Paul-le-Simple, qui n'entra dans le désert de la Thébaïde qu'à l'âge de soixante ans, fut reçu par saint Antoine, qui lui recommanda de ne jamais se rassasier entièrement dans ses repas.

O vie incompréhensible au monde ! vous êtes remplie du bonheur le plus grand, car, ô mon Dieu, « vous seul suffisez à celui qui vous aime, et sans vous le reste n'est rien. » (*Imitation*.)

Sur le Nil, samedi 30 janvier 1864.

UN ÉVÉNEMENT!

Nous déjeunions; le vent pencha la barque avec violence, et un enfant de douze ans, le frère du reïs Ibrahim, tomba à l'eau. Xiste et son entorse se mirent à courir épouvantés. La tunique blanche poussa des cris perçants. Madame Waudru grimpa sur les chaises en hurlant. Je m'élançai sur le pont et je pleurai derrière les gros yeux de mes lunettes bleues. Pauvre petit! le courant l'emportait avec force. Le reïs, dans la chaloupe, ramait en vain vers lui. Un noir, qui s'était jeté à la nage, l'atteignit, mais il cria au pilote : *au secours! au secours!* et nous glaça; l'enfant s'était accroché à lui d'une manière convulsive, ils périssaient, quand Ibrahim parvint à les atteindre et les tira dans sa barque.

Je sais enfin ce qu'est la planche du salut.

J'avais remarqué sur le tillac une grande planche qui embarrassait quelque peu le chemin, et à laquelle on ne touchait jamais, c'est la planche du salut. Dès que l'enfant fut tombé, on la jeta dans l'eau et il s'y accrocha en attendant le secours. Il est transi. Ne pouvant faire boire au petit mahométan ni vin, ni liqueur, je l'ai reconforté d'un morceau de chocolat. Il dit que *c'était de la très-bon nougat.*

Zéphyr, qui a joui d'un repos délicieux cette nuit, marche à présent.

Le pied des montagnes de l'Arabie est couvert de palmiers; les monts Libyens se sont écartés, l'horizon est plus vaste. Les arbres et les champs sont d'un vert éclatant; tout est inondé de lumière; au milieu de cette splendeur je pense à *Jérusalem,* et mes yeux se remplissent de larmes.

Dimanche 31 janvier 1864.

Quand reverrai-je des écritures chéries ? Ce profond silence est plein d'épouvante !

Mes pensées sont tournées vers l'Europe. *O*

my beloved ! que faites-vous? où êtes-vous ? ne vous est-il rien arrivé depuis un mois ?.....

Quelle est la brise qui passe sur les tombeaux de Nouvelles et de Sebourg? Vient-elle jusqu'à moi ?

« .... Maintenant quand je songe,
J'ignore si je rêve ou si je me souviens. »

. . . .

. . . .

. . . .

. . . .

Mademoiselle de R. et moi nous regrettons le chanoine Imbert ; cette vie de la cange, calme, immobile, studieuse si l'on veut, cette chaleur douce et tempérée l'eussent guéri.

L'équipage est descendu à terre ce matin, et s'est approvisionné de cannes à sucre qu'il suce avec *animosité*, comme nous disons en Belgique. C'est assez fade. Le capitaine Ibrahim fume en tenant son chibouk entre l'orteil et le second doigt de pied. Quand il raccommode ses voiles, il confie aussi à cet ingénieux orteil son écheveau de fil pour le dévider.

Des nuées de passereaux volent dans nos cordages. Hier, le drogman a vu un crocodile ;

nous ne sommes pas sorties assez vite pour l'apercevoir nous-mêmes. Je compte ramener trois ou quatre singes de Philée. Voilà mes nouvelles. — Et les vôtres? Envoyez-moi un pigeon voyageur. Quand on pense que j'ai trouvé un télégraphe électrique à Syout! Ah! cela me fait rire. Avez-vous la coqueluche et des engelures, ciel! le nez rouge peut-être! Patinez-vous? Neigerait-il? Que je vous plains sous mon ciel de fête, au milieu de mes fleurs et de mes montagnes dorées! Je vis au Caire, avant mon départ, un rosier couvert de belles roses blanches. Une branche succombait sous leur poids. Les roses larges et touffues se serraient les unes contre les autres. Je restai longtemps à songer en les regardant. *Beloved!* j'aurais voulu vous les envoyer.

Lundi 1er février 1864.

Nous avons devant nous, depuis hier soir, une cange aux couleurs hongroises; elle est montée par un malade avec son docteur. Je lui mettrai le pied de Xiste dans la main. Pauvre

Xiste ! il est bien dolent. Ce matin, il m'a dit : « Madame, je jouis de la fièvre. » Je suis restée un moment étonnée et sans comprendre ; à présent, je me rappelle qu'un domestique me répondit, un jour, à Tournay, quand je lui demandai comment se portait son maître : « Hélas ! il jouit d'une bien mauvaise santé ! »

Zéphyr, frais, vermeil et *reposé*, s'est arrêté ce matin pour voir Scheick-Sélim, qui est un santon, vivant depuis vingt-cinq ans dans un trou. La vénération qu'il inspire est telle, que le vice-roi, à son passage, va lui baiser la main. L'équipage s'est précipité pour en faire autant, mais nous n'avons pu être de la galopade, parce que le saint homme est nu, couvert seulement par ses cheveux et la vermine. La légende lui prête des promenades sur le Nil, à dos de crocodile. Voilà ce que j'aurais voulu voir.

Le temps est délicieux ; les plus beaux jours et la température du mois de juin.

Nous faisons beaucoup de progrès et nous savons une foule de mots en arabe, en anglais et en italien. *Tayeb, tayeb* ! La tunique blanche est bien bonne, bien douce, bien aimable.

Mardi 2 février 1864.

UNE VISITE SUR LE NIL. — L'ÉTIQUETTE.

Les barques qui remontent le Nil doivent saluer celles qui descendent ; si celles-ci répondent, la présentation est faite et on peut se visiter. Deux canges, aux couleurs d'Angleterre, descendaient hier vers cinq heures. Une barque, montée par deux jeunes personnes et leur frère, s'en détacha et vint à nous. Nous leur tirâmes deux coups de pistolet. L'Angleterre, toujours grande, y répondit par deux coups de canon. Après cela nous fûmes les meilleurs amis du monde. Les deux canges appartiennent à lady H., qui était depuis trois mois à Philée, et qui va avec ses enfants au Sinaï et à Jérusalem, où probablement nous les retrouverons. Cela fut dit en très-bon français.

Le soir, Xiste alla trouver le docteur hongrois, qui lui ordonna de traiter son entorse à l'eau froide. Pour nous, nous avons joué au whist et à l'écarté et fait la chasse aux araignées. Il y en avait une dans mon lit, grosse et grande comme un petit crabe et velue comme

Esaü. Je n'ai pu m'empêcher de pousser des cris lamentables en la voyant courir sur moi ; j'en ai honte, mais si j'envoyais son portrait, chacun en ferait peut-être autant.

Les rives sont couvertes de plantes de melons en fleurs. De grands échassiers se tiennent sur une patte ci et là sur les bancs de sable. Un vilain vautour se promenait méchamment au soleil, des milans poursuivaient tout à l'heure je ne sais quelle victime. Enfin, notre petit noyé s'est enfui ; il a passé auprès de son village et il a pris la clef des champs pendant un arrêt du pacifique *Zéphyr*. Le reïs est indigné, et déclare qu'il le déshérite des coups de nerf d'hippopotame qu'il lui donnait pour son plus grand bien, des coups de corde et de sa protection !

LES CHIENS.

L'Égypte est remplie de chiens libres auxquels on laisse le soin de la propreté des villes. Ils sont laids mais robustes, ne mordent jamais, ne deviennent jamais enragés, et jouissent du calme imperturbable des Orientaux. De ma cange j'entends leurs voix. Au Caire, je les voyais dormir dans un tohu-bohu effroyable, et au milieu des pieds des ânes, des chevaux et des chameaux, qui jamais ne les écrasent.

Du calme ! Voilà encore un présent que vous fait l'Orient. Peu à peu ce pays des songes merveilleux vous verse sa rêverie, et vous laissez là, comme une vaine guenille d'Europe, vos empressements, vos airs affairés, votre envie d'arriver. — Oh ! depuis que je me laisse aller avec nonchalance aux flots d'or du Nil, que je ne compte plus ni jour, ni heure, ni veille, ni lendemain, combien la poésie de cette existence s'est emparée de moi, combien son charme m'inonde !

Mercredi 3 février 1864.

Nous serons à Thèbes peut-être demain. Je m'arrêterai le temps d'envoyer chercher mes lettres au consulat et d'y déposer mon journal. Combien mettra-t-il de jours jusqu'à Paris ? Hélas ! je n'ai pas reçu encore un seul pied de mouche ou d'éléphant de qui que ce soit !

Cette partie de journal est le cinquième envoi que je fais, les autres, j'espère, auront plus d'intérêt. On ne visite généralement les ruines qu'en descendant le Nil et poussé par le courant ; quand on le remonte, on va au gré des vents, et la cange est toute à son affaire, qui est d'arriver à la première cataracte, et de profiter pour ce du plus léger souffle. On dit ici que mademoiselle Alexienne T. est au Nil Blanc et espère en découvrir la source.

Ma gorge va à merveille. J'aurais retrouvé mon *ut* de poitrine si je l'eusse perdu, et les joues de madame W. ont du rose.

Nous disions tout à l'heure, mademoiselle de R. et moi : « Quand on pense que Cambyse « tua le bœuf Apis de sa propre main en arri- « vant en Egypte...... » On nous a interrompues.

La cange du docteur hongrois est toujours en vue; comme elle ne va pas plus vite que nous, nous l'avons appelée *Limaçon*. Un bateau à vapeur vient de passer, descendant vers le Caire. Le vice-roi, un des princes les plus riches du monde, en a cent vingt à lui sur le Nil. Il en prête à ses amis.

Jeudi 4 février 1864.

Encore une visite! C'est d'un mondain, ce pays de crocodiles! Nous dînions nos portes ouvertes, l'œil sur *Limaçon*, arrêté comme nous; le docteur hongrois vint pour voir Xiste. Nous le fîmes entrer. Il parle parfaitement le hongrois, le latin, le grec, l'allemand, le russe, le slave; le moyen de ne pas nous entendre! Il nous a appris que l'araignée qui m'a fait crier les hauts cris est une tarentule dangereuse, qu'il faut en sucer le venin dès qu'on est piqué et mettre de l'alcali volatil si on ne veut danser à mort; nous mourons de peur et n'osons dormir. Mademoiselle de R. a un grand coutelas qu'elle enfonce dans toutes les fentes et un grand *naperon* qui sert de linceul aux blessés et aux tués. Dès que nous voyons passer une patte, nous crions comme des brûlées. Le médecin nous a dit encore qu'il vient de tuer une vipère. Il est Hongrois et accompagne le jeune comte Bathiany, qui se meurt de la poitrine. Ils avaient des rats dans leur cange qui en sont sortis, ils croient que ces rats sont venus dans la nôtre. Il est vrai que nous avons entendu un sabbat cette nuit, et que notre chat a miaulé et comblé la mesure de nos maux nocturnes.

Vendredi 5 février 1864.

Quel beau jour! quelle douceur dans l'air! quel ciel resplendissant! Les rives sont plantées de sycomores et de mimosas; on voit des bois de palmiers sous lesquels se promènent des enfants entièrement nus, des hommes légèrement drapés, des femmes voilées; étrange musée de bronzes vivants. Nous venons de rencontrer un jeune crocodile, tout petit, mais captif aux mains d'un Egyptien qui nous l'aurait vendu pour deux ou trois francs. J'allais le prendre pour Albert qui a grande envie d'en avoir un sur le bord de l'étang de Nouvelles, mais le crocodile m'ouvrit, déjà armée de jolies dents, une gueule jusqu'à la queue, et Moussalli m'assura qu'il grandirait extrêmement vite. Cette sorte de crocodile va sur terre, dit-il, téter les chèvres et les vaches. Je crois que c'est un conte.

Nous avons fait hier, le long des rivages, une des plus délicieuses promenades possibles, tandis que *Zéphyr* et *Limaçon*, qui ne se quittent pas, languissaient sur les eaux. Quel paysage ardent, violent, heurté, illuminé, autour de nous! que de grands buffles, que de chameaux sous les mimosas! que d'étranges moutons bossus et à larges queues! que de chèvres à oreilles plates, que de grains en épis, que de bronzes nous souriant! Le docteur hongrois nous a rejoints; le jeune malade nous regardait, couché, de sa cange.

« En Egypte, dit Napoléon dans ses *Mémoi-*
« *res* dictés à Sainte-Hélène, la terre produit
« sans engrais, sans pluie, sans charrue;
« l'inondation du Nil, son limon productif, les
« remplaçant; les terres où l'inondation ne
« peut arriver, on les couvre de limon comme
« en Europe de fumier, et on les arrose par
« des moyens artificiels. Les bœufs servent à
« faire mouvoir les machines à roue pour éle-
« ver les eaux et arroser la terre. On ne pour-
« rait, sans les arrosements artificiels, ni culti-

« ver les champs qui sont au-dessus de l'inondation, ni se procurer une seconde et une troisième récolte. Les moyens artificiels en usage pour l'arrosement sont de deux espèces : le premier consiste à élever les eaux par le moyen d'une roue à pots qui est mue par une paire de bœufs (*sakyèh*, *naoura* ou *noria*) ; une de ces machines suffit pour dix feddans, mais il faut alors dix paires de bœufs. Le second moyen est le *délou* ou *chadouf*. C'est une espèce de grande écoupe, souvent un simple panier, suspendu entre deux cordes comme une espèce de balançoire, que fait mouvoir un homme placé sur le côté ; à chaque oscillation l'écoupe s'emplit en rasant la surface de l'eau, pour se déverser au plus haut point de sa course dans une rigole disposée à l'avance. A l'aide de cet appareil si simple, un homme élève l'eau de deux à trois mètres. Il faut deux délous pour un feddan de terre (six dixièmes d'hectare). Deux hommes sont nécessaires pour maintenir un délou en activité ; l'homme qui se repose travaille aux rigoles ou sarcle le champ. Deux délous l'un sur l'autre élè-

« vent l'eau environ à six mètres. Cette terre « d'Egypte produit plusieurs récoltes, la pre- « mière est la principale. »

On cultive les blés, l'orge, les fèves que les anciens Egyptiens avaient prohibées, les lentilles, les garbanzos, les trèfles, le lin, etc. Les semailles se font en novembre et en décembre. Le poids de la semence la fait enfoncer dans la boue; le blé se récolte en mars, le trèfle se coupe trente jours après la semaille; le lin s'arrache en mars, il séjourne vingt jours dans les pourritoires.

On cultive encore dans les hautes terres arrosées artificiellement, le dourah, sorte de millet de dix ou douze pieds, le maïs, le riz, la canne à sucre, l'indigotier, le cotonnier, « le « henneh, qui est un arbrisseau originaire de « l'Inde; les anciens le connaissaient sous le « nom de cyprus, ils l'employaient à la tein- « ture des enveloppes de momies. Des feuilles « broyées ils faisaient une pâte dont ils se tei- « gnaient les ongles en rouge orangé : c'est ce « que les femmes d'Orient font encore aujour- « d'hui. »

L'eau de rose du Fayoum est très-renommée.

Les rosiers vivent cinq ans. — Le pavot, qui donne l'opium, se récolte en avril, etc. Il y a peu d'orangers, mais un grand nombre de palmiers, de sycomores, de mûriers. La vigne, autrefois répandue, ne se voit plus que dans le Fayoum. Le papyrus et le lotos ont à peu près disparu. Les anciens Egyptiens n'avaient ni buffles, ni chameaux, ni tabac, ni riz, ni cannes à sucre.

Il faut bien le dire, l'ibis, le grand ibis sacré n'existe plus. Quelques voyageurs prétendent cependant en avoir aperçu aux cataractes. Ce qu'on appelle à présent ibis est le petit gardeur de troupeaux ou le chapon de Pharaon. Le nom savant, je l'ignore.

Le khamsin (50), vent du sud, souffle souvent pendant cinquante jours, et le semoum ou simoun (poison), plus suffocant que le khamsin, mais de plus courte durée, soulève des nuées de poussière et de sable. Je n'ai point entendu dire que les sauterelles aient fait des ravages en Egypte depuis de longues années. — Parfois on rencontre des barques chargées de ruches d'abeilles, qui retournent dans le Fayoum au moment où les roses y fleurissent et qui étaient allées passer l'hiver dans la Haute-Egypte.

Voilà que j'en connais plus sur la culture d'Egypte que sur celle de la Belgique, surnommée, comme chacun sait, l'Egypte de l'Europe. A mon retour, j'irai causer avec le fermier Cyrille Rigaumont; il me semble que nous faisons aussi trois récoltes par an.

Même date, trois heures et demie.

Je viens de lire : « Il en est peu qui deviennent saints en faisant beaucoup de pèlerinages. Ne comptez ni sur vos amis, ni sur « vos proches; les hommes vous oublieront « plus vite que vous ne pensez. » Hélas! que vais-je devenir si je ne trouve pas de lettre à Louqsor? Nous sommes en vue de Thèbes, j'ai aperçu dans le lointain un arc de triomphe et un obélisque. Mon Dieu! est-ce moi qui vais aborder à Thèbes aux cent portes!

Il n'y a pas un souffle. Mes esclaves, qui ne le sont pas du tout, suent sang et eau pour faire avancer la cange avec de grands bâtons.

Ils chantent *Eleyson*. Nous glissons en cadence et si doucement que je ne sais si je dors ou si je veille. Tout ce paysage est grandiose et magnifique.

Beloved! il y a un mois que je vous ai quittés, il me semble qu'il y a un an; donnez-moi des nouvelles du chanoine Imbert. Quand je pense qu'il se serait guéri ici, quel regret!

Sur le Nil, samedi 6 février 1864.

Eh bien! il n'y avait rien, pas une lettre, pas une ligne! Quand nous sommes arrivés à Louqsor, il faisait nuit; des bateaux à vapeur, des canges, des barques étaient amarrés au rivage. Je suis descendue à terre. Joseph Moussalli est allé au consulat pour les lettres; il est revenu enchanté, — et de quoi, s'il vous plaît, puisqu'il n'y en avait pas? De monsieur l'agent consulaire, qui allait venir me faire une visite. Mais son enchantement n'a pas duré, pauvre Joseph! quand il s'est vu menacé de courir aux quatre coins de Thèbes après ces chères lettres, et que j'ai voulu, sans attendre, aller moi-même tout retourner au consulat. Consulat de Belgique ! plein de poésie, campé dans le temple même de Louqsor. Je suis passée comme un crocodile blessé au travers des colonnes et des ruines, et je suis entrée sans chapeau, ni châle, ni décorum. Pauvre Joseph !!!...... qui a déjà tant de chagrin de ce que notre drapeau est de la grandeur d'un mouchoir de poche, il ne pouvait retenir ses soupirs à la vue du sans-façon de *Mon Excellence*, comme il m'appelle. Des esclaves m'ont éclairée et introduite. Mustapha, c'est le nom de l'agent consulaire, vêtu d'une belle robe de soie verte, est entré. Il sait toutes les langues, excepté le français, et il est homme d'intelligence et de bonnes manières, malgré sa figure noire. Il nous a fait servir des sorbets au tamarin. J'ai regardé les lettres une par une. Hélas! hélas! hélas ! ! rien pour moi.

Que cette sombre nuit d'Europe est remplie de tristesse !

La cange a levé l'ancre pendant que j'étais encore couchée, je n'ai donc aucune description à faire.

Mustapha vous enverra mes lettres ; mais où

sont celles qu'on m'a écrites? Quel mécompte! quel espoir déçu!

Dimanche 7 février 1864.

Il y a aujourd'hui cinq ans!

Cinq longues années que j'ai perdu ma mère, une bonne mère! qui aurait donné sa vie pour ses enfants. Et depuis que ce trésor incomparable m'a été enlevé, chaque anniversaire me trouve de nouveau en deuil.

Cinq années de deuil, et les quels!... ô mon Dieu!

. . . .

Le vent pleure et mugit dans nos voiles. Nous marchons rapidement; le beau Nil soulève ses vagues; le soleil est un peu voilé; les pieds des montagnes ont moins de palmiers et moins de fleurs, les champs moins de verdure, un souffle brûlant qui vient du grand désert me frappe à la figure... Oh! que je suis triste!

Hier soir le soleil couchant a teint le ciel et les ondes d'un embrasement général. C'était violent, terrible, respirant l'épouvante. Une cange portant des Nubiens a passé comme une salamandre au travers de ce feu ; elle glissait silencieuse et flamboyante, et toutes ces figures noires, ces dents blanches et brillantes, ces regards ardents des sauvages qui la montaient lui donnaient l'air d'une vision fantastique, d'un esquif échappé à l'Amenti.

Mardi gras.

Il fait très-chaud et très-agréable.

Le drogman m'a demandé la permission de mettre des souliers rouges. Il a donc à présent des souliers rouges à pointes recourbées ; c'est l'événement de la journée.

Il n'y a pas de brise; la barque se tient presque immobile sur le miroir des eaux.

Puisse la vie de ceux que j'aime couler aussi doucement, aussi lentement !

Le canon a annoncé hier le Ramadan; le carême de l'équipage est commencé. Quel terrible exemple pour nous ! Les musulmans ne mangent pendant trente jours qu'après le coucher du soleil; ils s'abstiennent même, pendant la journée, de fumer et de prendre du café. Ceux qui m'entourent ne sont pas des dévots, tant s'en faut ; jamais je ne les vois égrener les perfections d'Allah, ni faire leurs culbutes religieuses, comme dit Chateaubriand. Comme je m'en étonnais, Joseph Moussalli, qui est catholique syrien, m'a dit que cela l'*ennuyait* de les voir prier et qu'il les en empêchait. Je n'ai jamais pu le convaincre de son tort.

Vous savez que les Arabes, pas plus que les Espagnols, ne sont pressés ; ils ont toujours du temps : du temps pour fumer, du temps pour boire du café, du temps pour songer et pour dormir. Si l'on dit : la cange partira à minuit, comptez que ce sera le lendemain vers midi.

Zéphyr courait dimanche à toutes voiles, j'étais émerveillée. Le drogman me demanda, vers trois heures, si je voulais descendre à

Esnèh. « — Descendre! lui dis-je; il faut profiter du vent.

— Excellence, on va faire le pain de l'équipage.

— Qu'on le fasse plus tard, quand le vent sera tombé.

— Excellence, c'est l'usage, on le fait à Esnèh. »

J'eus beau dire, l'usage et mes conventions voulaient que je donnasse vingt-quatre heures. Il fallut me résigner, et même prendre mon parti de voir ces vingt-quatre heures s'allonger de vingt autres : c'est l'*usage*.

Si Esnèh, l'ancienne Latopolis élevée au bord du Nil, au lieu d'être bâtie en terre, ou au moins si, au lieu d'en avoir la couleur, était peinte en blanc comme Tanger, elle ferait un bel effet avec son joli minaret, ses étranges pigeonniers, ses toits plats, ses galeries. Quand nous y abordâmes, nous vîmes sur le rivage de jeunes femmes en tunique bleu de ciel, couvertes de longs voiles de pourpre et ornées de colliers et de bracelets, le visage découvert, la démarche étrange et le regard singulièrement hardi. L'impudeur est peut-être plus navrante, plus repoussante encore ici qu'autre part. Ces figures naturellement modestes et graves grimacent comme Satan quand elles se dépouillent de la réserve. On a fait une razzia générale d'*almées*, car c'étaient elles, sous Abbas-Pacha, et on les a transportées dans la Haute-Égypte et surtout à Esnèh. Plusieurs, d'une figure charmante, mais noires, vinrent me prier de les faire danser; la chose n'était pas possible, leur danse est révoltante. Ces danses remontent à une haute antiquité, on en a retrouvé des représentations sur les murs des tombeaux les plus anciens.

Xiste est couché; le docteur hongrois, que la Providence a envoyé, l'a condamné au repos absolu et à la diète; il s'ennuie comme une momie.

J'ai fait une jolie promenade ce matin dans les rues poudreuses et extraordinaire d'Esnèh. Un jeune enfant, qui portait une petite croix de bois à la main, m'a suivie; j'ai voulu lui donner un bachiche, il a fui épouvanté. Une jeune fille de Nubie, fort jolie, a eu moins peur, et s'est arrêtée pour me regarder; elle portait une ceinture faite de légères lanières de cuir, unique vêtement des Nubiennes jusqu'à leur mariage.

Un marchand, accroupi au milieu de la place, m'a offert de l'encens; il avait étalé devant lui du sel marin tel qu'on le retire de la mer, du sucre blanc et jaune grossièrement faits, des pâtes d'abricots en feuilles très-grandes et très-minces, et du tamarin pour les sorbets.

Un tailleur, qui m'a donné du café avec la courtoisie du sultan Saladin, se mettait de temps en temps de l'eau dans la bouche, et d'une façon habile la distillait en fusées vaporeuses sur les habits qu'il cousait. Enfin tout m'arrête, m'intéresse et m'amuse. Le tailleur m'a dit qu'il voudrait aller en Europe; je lui ai fait répondre par l'interprète de me suivre, que je le conduirais à Paris et qu'il habillerait l'empereur des Français; sa grave figure s'est éclairée d'un bon sourire. Le peuple est très-noble dans ses manières, et sa physionomie respire une douceur aimable.

Les musulmans ont la défense de prêter le

Coran aux *giaours*, de peur que nous ne le profanions. On ne peut dire avec quelle politesse délicate un vieux disciple de Mahomet, qui se balançait en lisant les versets sacrés, s'est refusé à me mettre son livre dans les mains.

Je suis entrée dans un temple bien conservé, sur l'origine duquel les savants se querellent. Est-ce le grand Touthmès qui l'a bâti, ou Ptolémée, ou Trajan? J'ai vu là une quantité de dieux à tête de bélier, de crocodile ou d'ibis, un zodiaque et un calendrier. Les chapiteaux des colonnes, faits de feuilles de palmier, de lotus et d'ornements qui me sont inconnus, ont de la majesté. Bref, j'étais enchantée de me trouver là-dedans.

Nous avons été, avec le docteur hongrois, au palais de Méhémet-Ali; c'est insignifiant, mais nous en rapportâmes des bouquets de fleurs, et je suis rentrée dans ma cange, escortée d'une troupe d'enfants, qui, au moins, par le costume, étaient de petits anges.

Du côté de la chaîne arabique, on aperçoit l'ouverture d'une vallée qui conduit à la mer Rouge. Les Coptes ont fondé ici des comptoirs de commerce. Chaque année, la caravane de Sennâr vient échanger sa gomme arabique, ses plumes d'autruche, ses dents d'éléphant, contre des produits d'Egypte.

Je suis retournée ce matin au temple; c'est vraiment un morceau admirable, le plus beau, peut-être, qu'ait laissé l'architecture ancienne. Vingt-quatre colonnes, de cinq mètres quarante centimètres de circonférence sur onze mètres trente centimètres de hauteur, en y comprenant le chapiteau, forment le portique. La figure dominante est celle d'Ammon-Râ, à tête de bélier.

« Le morceau le plus important est un « zodiaque parfaitement conservé, et qui « semblerait indiquer, par la position de ses « signes, que la date du temple d'Esnèh est de « plusieurs siècles antérieure à celle des édi-« fices de Thèbes. Ce zodiaque, dont l'ordre « est parfaitement observé, porte ses signes « disposés sur deux bandes dans toute la lon-« gueur du soffite; les figures, d'une même « bande, ont le visage tourné du même côté « et se dirigeant vers le milieu du portique; le « taureau et le bélier sont en travers du pla-

« fond; le scorpion et le cancer sont repré-
« sentés marchant sur le plafond, en suivant
« le reste de la procession; les poissons sont
« attachés ensemble par une bandelette, et
« dressés sur la queue; enfin, le sagittaire est
« renversé les pieds en haut, mais suivant
« toujours dans sa marche la direction des
« autres signes. Les six premiers signes pa-
« raissent entrer dans le temple, pendant que
« les six autres en sortent, et ils sont séparés
« les uns des autres par une bande d'hiéro-
« glyphes qui partage le tableau dans toute sa
« longueur.

« La surface extérieure et intérieure des pa-
« rois du portique est d'environ cinq mille
« mètres : elle est entièrement couverte d'hié-
« roglyphes. Ainsi, en supposant qu'un scul-
« pteur ait pu exécuter, par jour, un dixième
« de mètre carré de cette décoration, il a fallu
« cinquante mille journées d'homme pour
« l'achever. Il entre dans la construction de
« l'édifice trois mille cinq cents mètres cubes
« de pierre. Ce portique est construit en grès.
« Les pierres du plafond ont de sept à huit
« mètres de largeur sur deux de longueur. Un

« des détails les plus admirables du monu-
« ment, c'est l'exécution et la variété des cha-
« piteaux. Les ornements qui les composent
« prouvent que les Egyptiens n'ont rien em-
« prunté des autres nations, puisqu'on n'y
« remarque que des feuilles de productions
« indigènes, telles que le lotus, le palmier, la
« vigne, le jonc. »

On voit les ruines d'une chapelle votive placée sur le bord du désert, à une lieue au nord d'Esnèh; le portique est orné de huit petites colonnes, et une autre ruine d'un temple qui n'avait jamais été achevé, à l'est de la ville

Le *Deyr*, immense couvent copte, n'est plus, en partie, que décombres. Son église est célèbre par le massacre des chrétiens, qui y eut lieu sous l'empereur Dioclétien.

Sur le Nil, jeudi 11 février 1864.

Nous sommes descendus hier en face d'Edfou. Deux ou trois mille fellâhs, qui avaient l'air de diables noirs, travaillaient à une chaussée. Nous avançons vers les cataractes ; je lis quelques savants récits, afin de ne point me monter l'imagination.

Geoffroy Saint-Hilaire dit que les cataractes ressemblent aux cascades de Versailles : cela ne me fait aucun plaisir; j'aime mieux les écrits des anciens. D'après eux, les eaux bondissent, se tordent, rugissent avec un tel fracas, que tous les habitants sont sourds.

Nous arriverons probablement à Assouân cette nuit.

Vendredi 12 février 1864. Assouân.

PREMIER COUP D'ŒIL.

Nous sommes arrivés à la première cataracte, aujourd'hui à deux heures et demie. L'entrée d'Assouân est hérissée de rochers incrustés d'hiéroglyphes; les rives sont resserrées, les montagnes ont des ruines et de lamentables dévastations; mais trop de lumière se joue dans les palmiers et sur les cimes, pour que cette poésie du passé soit imprégnée de tristesse.

Assouân, ou Syène, eut une grande célébrité pédante, on la croyait située sous le tropique du Cancer. Les catholiques y eurent un évêché ; il reste quelques Coptes schismatiques, dont nous avons vu le triste et sale réduit qui sert d'église. Notre nacelle, ornée d'un beau tapis d'Alep, nous a conduites à l'île Eléphantine, qui ressemble à une carrière de pierres en grand désordre. Une troupe d'enfants, très-bienveillants et très-nus, nous accueillirent avec toutes sortes de petites poteries et de graines enfilées : j'achetai le costume *complet* des filles de Nubie. L'une d'elles, en *grande toilette* et d'une dizaine d'années, me vint prendre par la main, et marcha à côté de moi si tendrement et si fièrement, que je la laissai faire. Ses cheveux étaient tressés en un millier de petites tresses graisseuses, au bout desquelles pendait un morceau de beurre rance ; elle avait pour vêtement sa peau très-lisse et très-noire. Agnès ! douce et savante artiste hollandaise, que je vous regrette ! je vous aurais demandé de me peindre avec ma Nubienne.

Je suis à trois cent dix-huit lieues du Caire,

et à combien de Paris? Je n'ose y songer!

La première cataracte dépasse de beaucoup mes prévisions (grâce aux savants), et il ne faudrait pas plaindre Juvénal d'y avoir été exilé, si l'exil nous laissait jouir des lieux. Hérodote, que j'aime et à la véracité duquel les découvertes récentes ont fait rendre justice, Strabon, Diodore de Sicile, etc., ont vu les cataractes et les ont décrites. Lisez-les.

Le jour de notre arrivée, à peine étions-nous descendues à terre, qu'une almée, couverte de sequins d'or, de colliers et de bracelets, et qui avait deux beaux anneaux aux jambes, vint se recommander.

Nous en entrevîmes plusieurs autres en bleu de ciel et en pourpre avec de longs voiles flottants. N'est-ce pas une bonne et morale idée que de déporter ces malheureuses dans les déserts? Quand elles essaient de rentrer au Caire, elles sont envoyées à la seconde cataracte.

Dimanche soir 14 février 1864.

Samedi matin, je suis montée à âne pour aller à Philée; toute cette frontière est habitée par des Nubiens peu vêtus et qu'on dit doux et très-fidèles. — Quelle route grandiose! quel chaos de blocs gigantesques! quel autre monde que ce désert de granit rose qu'on traverse, n'entendant que le cri des chacals!

Quel est le Pharaon dont le marteau et le compas sont restés subitement glacés par la mort? — Un obélisque ébauché, de trente-deux mètres de longueur et resté sur place, dit à sa manière: *vanité!* De cette hauteur, on voit les ruines de la Syène des Égyptiens, de la ville romaine et de l'actuelle cité qui ne vaut guère mieux... Le passé, le présent, l'avenir: *Vanité!*

La poussière des carrières de granit forme des routes excellentes sur lesquelles nos ânes prirent le mors aux dents. Ma selle tourna, le drogman tomba trois fois; madame Waudru vacilla comme un homme ivre; mademoiselle de R. seule fut magnifique de fermeté. J'étais conduite par un petit nègre dont les espiégleries nous amusaient; derrière moi il mit mon manteau et se promena mon parapluie ouvert à la main; mais je le lui retirai parce qu'il s'en servait comme d'une épée terrible contre les autres bourriquiers.

Les rochers s'entassent les uns sur les autres et se surplombent d'une manière sombre et effrayante; le Nil est mugissant et armé d'écueils, les rives, si vertes d'ordinaire, sont là d'une sublimité sauvage; aussi Philée, avec ses colonnades, ses temples, ses palmiers, la riante campagne qui l'entoure, semble-t-elle la plus ravissante des apparitions; on la voit tout à coup telle que le poète nous peint les jardins d'Armide. Nous avons laissé nos ânes sous un sycomore. Un Nubien nous conduisit dans sa petite barque au pied d'un temple charmant où nous débarquâmes. Le Nil entoure Philée de toutes parts sans l'inonder jamais. Les Antiquaires n'ont point pour elle, malgré ses charmes, un véritable amour, une passion, parce qu'elle ne date que des Ptolémées ou d'un certain Nectabos, trente ans avant Alexandre, peuh! et enfin des Romains. Elle était couverte de monuments sacrés; il ne reste plus que deux temples, une colonnade et des débris épars sur le sol.

Au sud, il y a un petit obélisque qui a perdu son pyramidion, et tout auprès les ruines d'Athor (Vénus) (370 avant J.-C.). Les chapiteaux sont formés par des têtes de femmes très-grosses, et dont les oreilles allongées ressemblent à des plumes et non point aux oreilles d'ânes si fort prisés en Égypte. Je ne dis pas que ces petits ânes, doux au trot et vaillants comme Alexandre le Grand, leur ancien maître, ne le méritent, mais j'ai donné tout ce que j'avais d'enthousiasme en ce genre aux mules d'Espagne.

Un propylée m'a surprise; il est formé de deux colonnades de longueur inégale et de plan différent. Il est vrai que cette divergence permet de voir les pylônes du temple d'Isis. La bonne Isis, sous les traits de Joseph Moussalli, nous a offert à déjeuner dans son pronanos et au milieu de dix colonnes pharaoniques couvertes de sculptures et de restes de peintures.

Rien ne nous a manqué, pas même le délicieux moka qu'une cange amarrée au rivage, en attendant un vent favorable pour repasser la cataracte, nous a gracieusement envoyé.

Le sanctuaire d'Isis n'offre de curieux qu'une niche en granit rose ; mais autour de lui s'ouvrent plusieurs pièces dont les murailles sont ornées de bas-reliefs d'un grand mérite, qui donnent une idée des costumes, des coupes et des vases du IIIe siècle avant Jésus-Christ.

Un escalier sans appui, rempant comme un limaçon le long de la muraille et mis à jour par la chute d'une pierre, nous a introduites dans un caveau où on croit que les prêtres d'Isis faisaient disparaître leurs ennemis. D'autres chambres retirées servaient aux embaumements ; on dirait qu'elles sentent encore le natron.

Sous une des portes, une inscription dont une malveillance bornée a gratté quelques mots, rappelle que le général français Desaix poursuivit les Mamelucks au-delà de la cataracte après la victoire des Pyramides. Une inscription bilingue, en l'honneur de Ptolémée et de Cléopâtre, a une grande célébrité.

Je suis restée de longues heures, tantôt assise sur le fût d'une colonne, tantôt sur la tête du sphinx renversé, pendant que la chaleur accablait, regardant les palmiers, les fleurs, les hautes herbes qui envahissent les ruines, les pierres croulantes amoncelées ici avec coquetterie par la main du temps, les perspectives charmantes, le Nil aux flots d'or; quelle retraite merveilleuse, féerique, digne de l'Orient!

En repassant le Nil, nous avons frappé au couvent franciscain. Je n'ai pas vu sans émotion, dans ce pays perdu, le signe de la croix sur la porte, et le nom de Marie sur la bannière qui flottait aux vents. Le couvent, bâti par l'empereur d'Autriche, annonce, par ses fenêtres et ses volets, une construction européenne. Nous n'y trouvâmes qu'un seul père, jeune Italien revenu depuis un an de la mission de Kartoun, où, sur onze pères, huit étaient morts de la fièvre.

Lui-même est malade de la fièvre, et m'a

paru triste. Je le suis devenue quand j'ai su qu'il vit seul avec deux jeunes négrillons, un singe et un chien. Nous nous sommes entendus pour l'heure de la messe du lendemain. Le duc de Modène et lady venaient de passer par le couvent. Le bon père franciscain, vêtu à l'orientale d'une grande robe de soie, nous offrit du café par les mains de ses deux négrillons.

Je voulus voir la cataracte de près. Le chemin est rude ; on passe tantôt à âne, tantôt à pied, par des fentes dans le rocher qui ne sont certes pas des sentiers fleuris. En marchant sur des pierres branlantes qui servaient de pont, je tombai le pied dans l'eau. La cataracte de Syène a une largeur de mille mètres environ ; plus haut la largeur du Nil augmente considérablement. Le bruit des eaux est lugubre, mille îlots les brisent ; elles s'élancent en torrents et en tourbillons blanchissants ; elles frappent les noirs rochers de remous dangereux. Le cœur doit battre quand on franchit en cange la cataracte dont la chute est, je crois, de deux mètres ; et, en effet, on dit que c'est émouvant et terrible. Hélas ! je ne la franchirai pas ; le temps nous manque, il faut nous hâter, et nous n'irons pas plus loin.

La troupe de Nubiens qui était là disparut tout à coup. Je vis quelque chose de fantastique flotter sur l'eau, et je ne pus en croire mes yeux : c'étaient les Nubiens à cheval sur des troncs d'arbres qui se dirigeaient à la nage vers la grande cascade. Ils disparurent dans les flots ; ils remontèrent à leur surface ; ils glissèrent comme des crocodiles entre les vagues et les rocs ; — enfin je respirai, ils reparurent tous sains et saufs.

Il en périt souvent dans ces jeux que certes je n'avais pas provoqués.

Le soir nous avons fait en barque, par le clair de lune et aux chants de nos matelots, une promenade admirable au pied d'Éléphantine, entre les récifs et vers la grande chute.

Dimanche la pluie tomba par torrents. Comment aller à la messe ? Notre embarras était grand, il y avait plus de trois lieues à faire à âne. La pluie diminua, et courageusement nous montâmes en selle et nous gagnâmes le couvent franciscain par les carrières de pierre. Des vautours seuls qui se disputaient le cadavre d'un chameau animaient et troublaient le désert! O mes pensées, où allâtes-vous alors? Je priai à la messe de tout mon cœur et avec une profonde tristesse.

•

A la vesprée, je fis une promenade émouvante; j'allai à l'île de Séhaïl où il y a un grand nombre de légendes hiéroglyphiques gravées sur les rochers. Des enfants l'oreille percée en haut et en bas, des jeunes filles parées de leurs grâces naturelles, des femmes portant à la narine et aux chevilles de larges anneaux d'argent, des hommes vêtus de tuniques bleu de ciel, nous regardèrent avec bienveillance. Je vis des bords de l'île un étrange radeau : sur quelques arbres liés ensemble, une jeune femme s'assit avec un tout petit enfant dans ses bras; une autre femme se mit à la nage et poussa le radeau. Je ne respirai que quand cette frêle embarcation eut atteint l'autre rive. Des jeunes filles qui avaient été chercher des herbages traversèrent le Nil à cheval ou assises sur des troncs d'arbres ; rien n'a un aspect plus extraordinaire et plus sauvage. On dit que les crocodiles dévorent quelquefois les nageurs.

De Séhaïl, notre esquif s'aventura jusqu'à une vingtaine de mètres de la grande cascade ; l'épouvante de madame Waudru fut au comble ; l'esquif dansa, pirouetta, monta, descendit, frôla le roc. Nous étions au milieu de rapides, le vertige me prit... — Les rives faites de rochers minéraux et noirs s'élèvent jusqu'au ciel ; un beau, un terrible sépulcre si nous avions péri ! Mais personne ne périt là tant les pilotes sont habiles. Je crois que Syène était la dernière colonie romaine de ce côté.

« Il n'était bruit dans les temps anciens que « du puits de Syène qui, le jour du solstice d'été, « à midi, était éclairé en entier par un soleil per- « pendiculaire. » Le ciel me préserve de répéter ce que j'ai entendu dire sur les variations *de l'obliquité de l'écliptique* à ce sujet ! tout ce que je sais, c'est que, par ces variations, au lieu de voir un soleil entier dans le puits, on n'en verra plus que la moitié.

Syène est étagée sur une montagne au milieu de palmiers en parasols qui la couronnent de l'auréole poétique; au sud se trouvent de nombreux tombeaux, et du côté du fleuve la pente douce est plantée de dattiers. Nous vîmes au bord du Nil une caravane d'une quinzaine de chameaux qui arrivaient de l'intérieur de l'Afrique, principalement chargés de gomme; ils apportaient aussi quelques dents d'éléphant et des plumes d'autruche. Autrefois on faisait même ici le commerce de la poudre d'or. Assouân vend des dattes, du séné et des singes. De ses carrières de granit ont été tirés les grands monolithes; leur vide est pour ainsi dire visible dans les roches immenses qui s'étendent à quatre mille mètres et qui sont marquées de coups de ciseau, et de trous où on plaçait les coins. On cherche presque les ouvriers des yeux, au milieu des éclats de granit aux mille nuances, semés sur la terre, de la colonne, du dessus de porte et de l'obélisque ébauchés; il semble qu'ils viennent de quitter leur ouvrage. « C'est dans « cette région de granit entre Syène et Philée « qu'on rencontre la dernière cataracte du Nil.

« C'est principalement vers la rive droite que « les îles sont plus rapprochées, plus escar- « pées, et qu'elles apportent le plus d'entraves « au cours naturel du fleuve. Des barres prin- « cipales s'y croisent d'une île à l'autre dans « tous les sens, de telle sorte que le Nil, s'é- « chappant à travers ces masses immobiles, « d'abord refoulé, les franchit en se relevant, « et forme ainsi une suite de petites cascades « hautes de plus d'un pied. Tout cet espace « est rempli de gouffres et d'abîmes; chaque « canal est un torrent dont les eaux ont toutes « sortes de mouvements et de directions con- « traires. » (*Expédition française en Egypte.*)

« A cette barre, limite écumeuse entre l'Égypte et la Nubie, viennent expirer toutes les merveilles de la longue vallée du Nil. » *Idem.* —La cinquième cataracte, celle d'Alata, serait d'après Bruce la plus belle de toutes : « Le bruit de la chute est tel, dit le voyageur anglais, qu'il plonge dans un état de stupeur et de vertige. — La nappe d'eau qui se précipite a un pied d'épaisseur et plus d'un demi-mille de large; elle s'élance d'environ quarante pieds dans un vaste bassin d'où le fleuve rejaillit avec fureur et répand en diverses directions des îlots tout bouillonnants et pleins d'écume. » Les Nubiens Barabrâs, qu'on appelle *Barbarins* au Caire, et qui y sont porte-faix, portiers, hommes de confiance, habitent toute cette contrée à partir de Syène.

Philée, qui s'y trouvait, il y a cinq mille ans, n'est plus dans la zone torride; Pourquoi? toujours par suite des *fameuses variations de l'obliquité de l'écliptique*. Si j'étais venue cinq mille ans plus tôt au monde et ici à pareil jour, je serais dans la zone torride. Philée a neuf cents mètres de circonférence; vers le sud-ouest la vue suit pendant plus d'une lieue le Nil qui serpente entre des roches à pic de quatre-vingts mètres de haut.

« C'est un singulier contraste à signaler que « celui de ces monuments, tous bâtis en grès, « dont la pierre blanchit avec éclat au milieu « de rochers granitiques brunis par les siècles. « A la première vue de ces édifices, on est « frappé surtout de voir leurs grands murs « s'incliner en talus comme ceux de nos forti- « fications et sans aucune autre ouverture que « les portes. Les terrasses des temples forment

« de larges plateaux; enfin les sculptures peu « saillantes dont tous les murs sont entière- « ment couverts; ensemble grave et mysté- « rieux, aussi étonnant par son caractère ar- « chitectural que par sa merveilleuse conser- « vation. »

Au nord de Philée sont les restes d'un petit édifice sans plafond, enceinte de quatorze ou seize colonnes dont la plupart ont été renversées. Tout près et sur les murs mêmes du quai s'élevaient les deux petits obélisques en grès; un est debout, l'autre est tombé dans le fleuve. Près de là naît une longue colonnade qui borde la rive occidentale du Nil et par un bout de laquelle on pouvait apercevoir les barques qui naviguaient. Trente et une colonnes sont restées sur leur base; les chapiteaux, ornés de feuilles et de fleurs de palmier et de lotus, sont différents les uns des autres sans que l'harmonie en souffre; cette galerie n'a jamais été complétement achevée, plusieurs sculptures ne sont qu'ébauchées. Une autre galerie, qui n'est pas parallèle, est en face de celle-ci; ses colonnes ont cinq mètres de haut; elles conduisaient, je crois, au grand pylône, porte

immense « avec deux massifs semblables, lar-
« ges à leur base, plus étroits vers le somme,
« et de peu d'épaisseur, s'élevant, l'un à côté
« de l'autre, bien au-dessus de la porte qui se
« trouve comprise entre eux : cette sorte de
« construction, tout à fait particulière à
« l'Égypte, n'a été imitée dans aucune autre
« architecture. Les escaliers intérieurs qui
« conduisent jusqu'au sommet font penser à
« des observatoires, édifices nécessaires chez
« un peuple dont la religion était en grande
« partie fondée sur l'astronomie. »

« Le grand pylône a environ quarante mè-
« tres de largeur et dix-huit mètres de hauteur,
« son épaisseur est d'à peu près six mètres.
« Les portes des pylônes sont d'une proportion
« très-élégante, leur hauteur est toujours plus
« que double de leur largeur. Elles étaient au-
« trefois fermées par des clôtures battantes. »

Il y a des figures qui ont vingt et un pieds de haut; elles représentent tantôt Osiris à tête d'homme ou d'épervier, tantôt Isis coiffée de la peau d'un vautour; elles ont à la main le bâton augural et la croix ansée. Le pylône de Philée a cinq mille sept cents pieds de surface sculptée. Devant le pylône gisent des débris en granit rouge de deux obélisques et de deux lions assis sur leur croupe, les pattes de devant étant droites.

Quel soin et quel talent il faudrait pour tout noter, pour tout décrire! J'ai remarqué le couronnement de la colonnade de la grande cour, fait de serpents qui portent un disque sur la tête. Dans la chambre des prêtres, les sculptures représentent un cynocéphale qui écrit sur un *volumen* avec un stylet, Isis, Osiris à tête d'épervier et la barque symbolique.

Un second pylône, plus petit que le premier, sert de façade au portique du temple, qui n'a de jour que par le plafond. Les colonnes, les murs, les plafonds sont couverts de sculptures peintes en vert, en rouge, en jaune, en bleu, qui conservent une grande vivacité. Les sculptures ont trait à l'astronomie, à Osiris, à Isis, à Thoth; dans un tableau les dieux mettent sur la tête d'un jeune homme des *croix ansées* et des bâtons d'augure qui sont les principaux attributs de la divinité; chose bien remarquable quant à la croix. Le temple a trois salles obscures, un sanctuaire et des chambres latérales, et il n'est aucune pierre qui ne soit ornée de sculpture ou d'écriture religieuse. La niche a sept pieds ; on y mettait l'épervier sacré, emblème d'Osiris. Sur la face extérieure du temple, un prêtre est représenté perçant de la même pique quatre hommes dont les bras et les jambes sont noués sur le dos, et qu'il offre à une divinité assise.

Est-ce un symbole? est-ce un sacrifice humain ?

Le temple d'Isis, couvert de sculptures, est entouré d'une triple galerie de colonnes.

Non loin du temple d'Osiris, une salle à grandes arcades ouvertes forme sur le Nil les cadres des plus admirables tableaux. La mort d'Osiris, qu'on croyait enterré en ce lieu, y est représentée ; ce dieu est peint couché sur un crocodile. Tout près de cet édifice, un escalier descend dans le fleuve.

L'édifice de l'est, qui est composé de quatorze colonnes les plus grosses de l'île et percées à jour, peut être vu de tous les côtés ; rien ne surpasse son élégance et sa perfection.

« En comparant cette perfection du ciseau « avec l'immobilité dans les poses et l'étrange

« ignorance de la perspective qui caractérisent « les sculptures égyptiennes, on cherche à se « rendre compte comment un peuple si pro- « gressif d'une part est resté de l'autre si sta- « tionnaire, et ignorant à ce point. La loi « religieuse, souveraine aux bords du Nil, « avait dû chercher à consacrer dès l'origine « une sorte d'immuabilité dans les objets qui « tenaient au culte ; ainsi, les prêtres législa- « teurs avaient eux-mêmes, dans l'enfance de « l'art, arrêté les poses et les formes de leurs « divinités symboliques. Depuis lors, pour « que ces types restassent les mêmes, il y eut « ordre écrit dans la loi, perpétué dans l'usage, « de les copier servilement sur les nouveaux « temples qu'on bâtirait. De là, sans doute, « ces figures humaines dont les épaules sont « de face, la tête et le reste du corps de trois « quarts et de profil ; de là aussi le petit « nombre d'attitudes différentes admises dans « les représentations sacrées. » (*Histoire de l'expédition française en Egypte.*)

Je laisse un arc de triomphe et un petit temple d'un rare fini pour retourner au pylône et voir les inscriptions des voyageurs. Avec quelle avide curiosité on lit les noms et les dates, et combien j'ai regretté de n'avoir rien pour écrire! On me traduit ceci :

« Moi, C. Numonius Vala, j'ai demeuré ici « sous l'empereur César, consul pour la « treizième fois, le 25 mars. »

Sur le mur, à l'orient, les savants de la commission d'Egypte ont écrit :

R. F.
AN VII.

BALZAC, COQUEBERT, CORABŒUF,
COSTAZ, CONTELLE, LACIPIÈRE,
RIPAULT, LEPÈRE, MÉCHAIN, NONET,
LENOIR, NECLOUX, SAINT-GENIS, VINCENT,
DUTERTRE, SAVIGNY.

LONGITUDE DEPUIS PARIS 30° 34′ 16″
LATITUDE BORÉALE 24° 1′ 34″

On cite encore, parmi les savants français qui explorèrent l'Egypte, Casteix, qui mourut à l'Hôtel-Dieu en 1822, dans un entier dénûment, Geoffroy Saint-Hilaire, Denon, etc.

Je reviens en face d'Assouân, à Eléphantine, surnommée l'île fleurie, le jardin du tropique, la clef de l'Egypte, toute couverte de ruines, et d'ombrages tombés de ses mûriers, de ses acacias sensitifs aux feuilles violettes dont les branches frissonnent et s'inclinent au toucher, de ses palmiers. Quelques Barabrâs l'habitent. Le temple appelé temple du Sud et dont il reste une salle et une galerie, était dédié à Cnuphis; on le cite comme un chef-d'œuvre de haute antiquité. Un bloc de granit d'un travail informe représente une statue de huit pieds, les bras croisés et qui tient une crosse et un fléau. Qui me dira le secret des tableaux symboliques dont l'un a vingt pieds? On voit une barque posée sur un autel et montée par un homme richement habillé, qui offre au dieu des fruits, des coquillages, des fleurs, des gâteaux. Derrière lui vient une femme vêtue d'une longue robe et portant un voile; il est probable que c'est une prêtresse parce qu'elle a auprès d'elle la légende appelée *sacerdotale*.

Le temple du Nord, bâti en grès comme celui du Sud, n'offre plus que des vestiges pittoresques.

Les habitants d'Eléphantine étaient appelés mangeurs de poissons; ils refusaient de reconnaître la divinité du crocodile. « Ils révéraient,

« dit Eusèbe, une figure de forme humaine ; « elle était assise et peinte d'une couleur bleue ; « sa tête était celle d'un bélier, et pour signe « distinctif elle portait des cornes de bouc surmontées d'un cercle en forme de disque. »

On admire encore de nos jours le quai d'Eléphantine, qui l'a préservée des envahissements du Nil. On y voit le Nilomètre célèbre tout près d'un escalier de cinquante marches qui descend vers le fleuve.

Sur le Nil, lundi 15 février 1864.

Nous avons quitté Assouân cette nuit vers une heure du matin, en faisant un grand vacarme de coups de fusil et de chants, ce qui m'a été aussi désagréable qu'aux canges étrangères, car je dormais quand la fusillade a commencé. Les matelots ont ramé toute la nuit et chanté à tue-tête leur chant bizarre et insaisissable qu'on finit par aimer.

J'emporte de la Nubie un singe nommé Pharaon ; il est mignard et joli, et si petit que je l'ai pris d'abord pour un ouistiti, quoiqu'il appartienne à l'espèce des grivets. Ce sont des grivets que Van Dyck a peints à côté de quelques-unes de ses plus grandes et de ses plus belles dames. Pharaon est très-jeune, il n'a pas encore toutes ses dents de lait, et si frileux que je tremble pour son avenir d'Europe. Il tient compagnie à l'entorse du pauvre Xiste, qui est toujours couché.

Mademoiselle de R. pensive, parce que les cuisiniers et les marmitons de ce pays-ci, et les nôtres en particulier, se mouchent avec leurs doigts, et qu'elle a vu un de nos gens qui prenait un bain de pieds dans notre propre saladier. A quoi va-t-elle penser ! Et moi, tout endolorie d'avoir quitté Philée, qu'est-ce que j'écris là !

Nous venons de nous arrêter quelques heures à Koum-Ombo, l'ancienne Ombos, c'est-à-dire *arbres*, mais il n'y en a plus un seul.

Ce matin il pleuvait avec force, merveille que je trouve ennuyeuse; le temps est gris, la chaleur lourde et orageuse. Il m'a pris un désir extrême de rester à Koum-Ombo; la scène est grande et désolée ; les sables ont recouvert la ville et envahi les temples jusqu'aux deux tiers ; le Nil dévore leur base, mais ce qui en reste est curieux ; l'azur et le pourpre des peintures ont tout leur éclat ; les dieux aux têtes de crocodile et un personnage qui a un globe sur la tête et deux serpents dans la main sont finement exécutés. De grandes pierres sur lesquelles je suis montée forment les voûtes plates. Les colonnes comptent parmi les plus grosses des temples de l'Egypte ; leur circonférence a plus de six mètres ; il en reste quinze ; les façades sont pleines de style. La ville d'Ombos est antique, Mœris lui-même contribua à la construction des murs d'enceinte en briques crues. Quelques bas-reliefs rappellent Soter II et Cléopâtre-Coccé. Le dieu d'Ombos s'appelait Haroëri (le soleil) ; la déesse, Tsonénonfré, et leur fils, Pnévtho.

On y trouve des troupeaux de chacals ; la vallée est une sorte de four ; les soldats de l'expédition française y faisaient cuire sans feu des œufs dans le sable ; si on reste à la même place on croit avoir posé les pieds sur des charbons ardents. Quand nous sommes descendus, la rive arabique était couverte de plantes à feuilles épaisses ; en brisant la tige une crème blanche appétissante en est sortie ; le cuisinier Abaskander l'appelle la *plante au lait*, il la dit dangereuse.

Mardi 16 février 1864.

Nous sommes descendus à terre ce matin à six heures, pour voir les immenses carrières de grès calcaire de Silsilèh qui servirent à bâtir Thèbes.

Là, où des légions d'ouvriers allaient et venaient jadis, où des milliers d'esclaves pris parmi les cent peuples vaincus par Sésostris mouraient aux rudes travaux des mines, nous ne trouvâmes qu'un seul être vivant, mais des grottes tumulaires, des spéos, des statues mutilées, des montagnes de pierres entamées et des gorges profondes.

Je ne connais pas l'art du tailleur de pierre; Joseph Moussalli me fit des explications sur les *stries* qu'on voit de tous côtés dans les carrières, mais je les ai oubliées, sauf qu'elles ont été produites par un long ciseau.

Sur le Nil, mercredi 17 février 1864.

Le khamsin soulève des tourbillons de sable jusqu'aux nuages, ils en sont remplis et devenus compactes. Nous avons été jetés deux fois à la côte, et à présent nous sommes en arrêt devant un *délou*. Ce délou est un panier au bout d'une perche entre deux cordes qu'un noir nubien fait mouvoir. Où l'eau passe l'Egypte est un jardin délicieux, où il n'y a pas d'eau, c'est le désert aride. Une autre plaie terrible est le khamsin qui couvre le pays de sable et a englouti des monuments et des villes entières ; il faut lutter contre lui comme les Hollandais luttent contre les inondations.

Le soir, même date.

Nous sommes allés ce matin à Edfou ; des femmes y dansaient d'un air gai en l'honneur d'un mort. Elles faisaient des rondes et se balançaient au son du darbouka ; des enfants portaient de hauts bâtons comme on porte les cierges. Un groupe, au milieu, faisait des contorsions, tout cela fort plaisamment. Même des femmes d'un âge mûr rirent tout à fait en voyant que nous voulions les imiter, et danser pour le mort.

Le temple d'Edfou, de la belle époque grecque, est admirable. M. Mariette l'a fait déblayer et y a mis un gardien auquel j'ai montré l'art d'éclairer les murs sculptés à l'aide d'une bougie attachée au bout d'un bâton. Les pylônes sont les plus hauts de l'Égypte, ils ont trente-quatre mètres d'élévation. Nous y sommes montés par un bon escalier; la vue est grave, sévère, très-belle. Après être redescendus, nous entrâmes dans les propylées, cour majestueuse, où les murs d'une galérie formée par trente-deux colonnes sont couverts d'hiéroglyphes comme le reste du temple; car, malgré ses vastes proportions, aucune pierre n'a été laissée sans écriture ou sans sculpture; feuillets gigantesques et mystérieux que j'aurais voulu lire, que j'ai pu au moins admirer.

On entre ensuite sous le pronanos, péristyle de dix-huit colonnes colossales ornées encore de peintures. Il y a de chaque côté deux niches finement fouillées où les oiseaux sacrés recevaient les adorations. Le naos est décoré de douze colonnes; enfin, dans le sékos ou sanctuaire, une cellule en granit noir et vert était, sans doute, la demeure de l'oiseau le plus sacré et le plus adoré de tous. — Quel bon pays pour les animaux! aussi, hélas! il n'y en a que trop dont on « jouit, » comme Xiste de sa fièvre, jour et nuit.

Peut-être dans le sékos nourrissait-on, pour l'adorer, bien entendu, un épervier, un ibis, ou un chat, ou un crocodile, car les murs sont couverts de leurs portraits.

Il y a un petit temple à droite, chargé de peintures exquises. Nous avons visité les innombrables chambres du collége sacerdotal; elles sont finement sculptées du haut en bas. Le temple entier, long d'environ cent soixante-dix mètres, est entouré d'un mur énorme, très-élevé et formant galerie, chargé de hiéroglyphes et de bas-reliefs dans le style pharaonique, bien que cet édifice ne soit que des Ptolémées. On a martelé les têtes de beaucoup de statues et cassé des hiéroglyphes. Mon drogman m'assure que ce sont des savants (qu'il nomme) qui ont fait ce crime ici et à Thèbes, quand les statues ou les hiéroglyphes ne répondaient pas à leurs dissertations imprimées. Voyez un peu ce que dit là M. Joseph Moussali.

Le temple d'Edfou était consacré au soleil, à la beauté et à l'amour, représentés par une foule de dieux à tête d'épervier, de crocodiles et de vaches; par des scarabées ailés, des serpents à pieds et à bras d'homme, un épervier à tête humaine, etc.

Le village actuel d'Edfou, situé dans le Saïd à un quart de lieue de la rive gauche du Nil, est habité par des musulmans et des coptes qui fabriquent des ballâs, sorte de jarres.

L'intelligent et fidèle Joseph Moussalli, armé de son fusil, tua des pigeons, et tira, heureusement en vain, après deux huppes qui se jouaient sur le pylône entre les jambes en compas d'un Ptolémée qui traîne par les cheveux des vaincus. *Væ victis!*

La huppe, disent les Arabes, est un oiseau sacré qui, à cause de sa science, fut souvent chargé de l'éducation des princes et de messages importants. Salomon et la reine de Saba avaient des huppes d'une grande renommée. Leurs plumes sont jolies, noires et blanches aux ailes, jaunes sur la tête; l'aigrette est un vrai diadème.

Jeudi, 18 février 1864.

En descendant le Nil, la manœuvre change; les voiles latines sont pliées; le pont est démantelé, pour que les matelots, qui vont ramer à présent presque tout le temps, puissent laisser pendre leurs jambes à l'intérieur. Hélas! ils me font penser aux galériens, quand, penchés sur leurs lourdes rames, ils exécutent la manœuvre pendant des heures entières. Ils chantent doucement, tristement, des sortes d'épopées dont le refrain est toujours *Eleyson*, et ne mangent, à cause du ramadan, qu'après le coucher du soleil. Ils se nourrissent d'herbes cuites, quelquefois d'un peu de riz et de pain qu'on fait une fois par mois. Leurs tuniques sont blanches ou bleu de ciel; ils sont très-doux, très-soumis ; le drogman est excellent. Enfin, tout va à merveille dans mon royaume de quelques pieds.

Xiste, cependant, est toujours couché, il a mal à la tête.

Le Nil est large, majestueux. Hier, je suis restée sur le pont une partie de la soirée ; un souffle, doux comme une respiration, ridait à peine la surface de l'onde ; la lune argentait les flots. Belle nuit sereine et solennelle ! combien je t'ai aimée ! combien je t'ai aimée, en pensant surtout que tu seras suivie du jour de l'éternelle lumière et de l'éternelle joie !...

Nous passâmes devant El-Kab, l'ancienne Eléthya : ce qui reste de plus curieux sont les grottes. Les travaux de M. de Rougé ont rendu célèbre celle d'Aahmès, le grand nautonier de Pharaon. Tous les détails de la vie égyptienne, l'agriculture, les divers travaux, les enterrements, la navigation, la chasse, la pêche, etc., sont représentés principalement dans les souterrains du *vizir* et du *sultan*.

Chose bien extraordinaire, dans celui du sultan on voit un globe surmonté d'une croix, et une croix isolée, de la même forme que les croix chrétiennes.

Hermant, l'ancienne *Hermonthis*, a des ruines illustres, entre autres le petit temple consacré au passage éphémère en ce monde de Ptolémée-Césarion. César y est représenté en dieu égyptien, et la belle Cléopâtre sous la forme d'une déesse. C'est le seul temple d'Egypte où une girafe soit figurée. Le plafond du sanctuaire a un tableau où l'on voit le taureau et le scorpion. Les savants ont dit beaucoup de choses savantes là-dessus que je n'ai pas comprises. L'église chrétienne, qui remonte au premier siècle de notre ère, est remarquable. Un tombeau de santon élève sa coupole sous les sycomores et les mimosas au feuillage fin.

Notre cange descend le Nil en travers; elle marche à la façon des crabes : c'est original à voir.

Même date, cinq heures du soir.

Joseph Moussalli veut illuminer la cange pour arriver à Thèbes : nous y serons à minuit. Nos fellâhs préparent des lanternes vénitiennes; drogman et Egyptiens ont l'air aussi heureux que des enfants de cette petite fête. Mademoiselle de R... et moi nous nous demandons ce qui va nous faire le plus d'effet : sera-ce la statue de Memnon, à la voix merveilleuse; les palais souterrains, si beaux et en si grand nombre; la salle hypostyle?... Quand l'armée française, conduite par Desaix, arriva à Thèbes, par un mouvement spontané d'admiration, elle présenta les armes, puis battit des mains.

Comme le disent les historiens et les poëtes qui ont parlé de Thèbes, mon imagination sera-t-elle *terrassée?* Ah! je le voudrais! Verrai-je des débris de la statue d'Osymandias. Le cercle d'or d'une coudée d'épaisseur, de trois cent soixante-cinq coudées de circonférence, sur lequel chaque jour de l'année se trouvait indiqué, ainsi que le lever et le coucher des astres, — où est-il? — *Memnonium*, palais souterrains, obélisques, pylônes gigantesques, statues... à demain! à demain toutes ces merveilles!

Je resterai longtemps dans la ville des morts. Les momies, dit-on, y sont si innombrables, qu'on ne peut voir, sans mélancolie, toutes ces générations couchées dans l'éternel repos. Hérodote décrit l'art des embaumements :

« D'abord, les Egyptiens tirent la cervelle « par les narines, en partie avec un fer re- « courbé, en partie au moyen de drogues « qu'ils introduisent dans la tête. Ils font en- « suite une incision dans le flanc, avec une « pierre d'Ethiopie; ils tirent par cette ouver- « ture les intestins, les nettoient et les pas- « sent au vin de palmier et dans des aromates; « ensuite ils remplissent le ventre de myrrhe « pure broyée, de cannelle et d'autres par- « fums, l'encens excepté, puis ils le recou- « sent. Ils couvrent le corps de natroun pen- « dant soixante-dix jours : il n'est pas permis « de le laisser séjourner plus longtemps dans « le sel. Ces soixante-dix jours écoulés, ils la-

« vent le corps et l'enveloppent entièrement de « bandes de toile de coton enduites de commi « (gomme arabique produite par l'acacia ap- « pelé sount), dont les Egyptiens se servaient « comme de colle. — Ceux qui veulent éviter « la dépense choisissent une autre sorte d'em- « baumement. On injecte le mort avec une « liqueur onctueuse tirée du cèdre, sans ôter « les intestins qu'elle dissout. Le natroun con- « sume les chairs, et il ne reste du corps que « la peau et les os.

« La troisième espèce d'embaumement n'est « que pour les plus pauvres. On injecte le « corps avec la liqueur dite *surmaïa* (mélange « de saumure et de jus de raifort), on le met « dans le natroun pendant soixante-dix jours.»

Chaque embaumeur avait son grade; on distinguait l'écrivain, le coupeur, les saleurs, les laveurs, les parfumeurs. «Quand ces derniers « ont fini, dit Diodore de Sicile, ils rendent « aux parents le corps revenu dans sa première « forme, de telle sorte que les poils des sour- « cils et des paupières sont démêlés, et que le « mort semble avoir gardé l'air de son visage « et le port de sa personne.

« Parmi les premières, les unes, conservées « à l'aide de substances balsamiques et astrin« gentes, avaient la peau sèche, légère, flexible, « semblable à un cuir tanné ; le visage recon« naissable, le ventre et la poitrine remplis de « résine friable ; elles avaient leurs dents, leurs « cheveux et les poils de leurs sourcils ; quel« ques-unes étaient dorées par tout le corps, « d'autres seulement sur le visage, sur les « mains et sur les pieds. Préparées avec beau« coup de soin, ces momies ne s'altéraient « qu'à l'humidité. Les autres momies, em« baumées au bitume pur, avaient une cou« leur noirâtre; la peau était dure, luisante, « comme si un vernis l'eût recouverte; les « traits étaient bien conservés. Dans le ventre, « la poitrine et la tête abondait une substance « résineuse, noire, dure, presque inodore, « qui, analysée, a présenté tous les caractères « du baume de Judée. Dans ces momies, pré« parées au bitume, les pieds, les mains, le « visage, étaient également dorés. Elles résis« taient plus que les autres à l'action de l'air.

« Quant aux momies sur lesquelles aucune « incision n'avait été faite, leur embaume-

« ment était évidemment plus imparfait. La
« peau est noirâtre, dure et tendue comme un
« parchemin, les traits du visage sont altérés,
« les cheveux et les sourcils sont tombés ou
« tombent dès qu'on les touche. Exposées à
« l'air, elles se couvrent d'une efflorescence
« saline. Parmi celles-là, il en est dont le
« ventre a été rempli d'une matière bitu-
« mineuse que les anciens ont nommée *pisas-*
« *phalte*. Elles sont alors dans un état de con-
« servation meilleur; mais celles qu'on a sim-
« plement salées ont la figure presque tou-
« jours détruite; leurs os se détachent des
« ligaments sans aucun effort; les toiles qui
« les enveloppent se déchirent et tombent en
« lambeaux dès qu'on les touche.

« Ces différentes espèces de momies sont
« emmaillotées avec un art merveilleux. Des
« bandes de toile, appliquées les unes sur les
« autres, au nombre de quinze ou vingt
« épaisseurs, enveloppent d'abord partielle-
« ment chaque membre, et font ensuite le
« tour du corps entier. La qualité des toiles,
« plus ou moins fines, distingue seule l'em-
« baumement plus ou moins relevé.

« Le corps embaumé est d'abord couvert « d'une chemise étroite, lacée sur le dos. Sur « la tête, tourne un morceau de toile carré, « d'un tissu très-fin, dont le centre forme sur la « figure une espèce de masque; on en trouve « ainsi quelquefois cinq ou six appliqués l'un « sur l'autre ; le dernier, ordinairement peint « ou doré, représente la figure de la personne « embaumée. Sur chaque partie du corps sont « collées des bandelettes imprégnées de résine; « puis au-dessus, sur les jambes et sur les bras « croisés sur la poitrine, viennent d'autres ban- « des plus larges qui entourent le corps entier. « Ordinairement, ces dernières enveloppes sont « chargées de peintures hiéroglyphiques.

« Presque toujours, dans les vides, on glis- « sait une foule d'objets soit emblématiques, « soit d'usage privé, des idoles en or, en bronze, « en terre cuite vernissée, en bois doré ou « peint, et des papyrus.

« Les bandes qui entouraient les momies « étaient tantôt de lin, tantôt de coton (bys- « sus). Les langes offraient de nombreuses va- « riétés, telles que des toiles à larges raies « bleues, des franges formées d'un fil tordu et

« terminées par un nœud, de grandes pièces « couvertes de peintures et de divers dessins. « Toutes ces toiles sont aujourd'hui d'un jaune « plus ou moins foncé, même les bandes exté- « rieures que le bitume a respectées, mais qui « sont enduites de cette gomme qui est nom- « mée *commi* par Herodotus. On a encore « rapporté des hypogées des ceintures à raies « bleues avec un effilé, des toiles ouvrées, des « toiles d'un rouge garance, des canevas en lin « très-clairs, enfin des peluches en coton et des « demi-velours. Toutes les couleurs de ces di- « verses toiles étaient encore vives et fermes. »

Voici, d'après Jomard, le type égyptien ancien et actuel :

« Une tête de momie, apportée en France « par Delille, a d'abord un front large, un peu « arqué et incliné en arrière, des cheveux fins « et non durs ou crépus, un nez légèrement « aquilin, incliné comme le front, fin et ar- « rondi à l'extrémité. Des tempes larges, des « pommettes saillantes, des yeux grands et « bien dessinés, avec de larges paupières et les

« sourcils horizontaux ; ensuite une bouche « plus grande que petite, mais régulière et « bien formée ; des lèvres légèrement bordées « et un peu épaisses ; enfin des dents étroites, « égales et bien plantées, voilà le caractère « commun aux hommes de la Haute-Egypte et « aux momies de Thèbes.

« Les cheveux des momies sont nattés ou « tressés, ou disposés en touffes et en an- « neaux. On trouve aussi des têtes rasées, le « menton est ordinairement sans barbe.

« Les momies humaines n'étaient pas les « seules qui eussent l'accès des hypogées : on « y voyait aussi des momies d'animaux : des « ibis, des éperviers et d'autres animaux de « proie ; des chiens, des bœufs, des chacals, « des béliers, des chats, des crocodiles et des « serpents y gisaient embaumés avec le plus « grand soin et entourés de bandelettes. Plus « tard, ce culte devint une frénésie.

« Les momies des animaux se préparaient, « comme celles des hommes, tantôt avec le « bitume, tantôt avec le natroun. Celles des « oiseaux sont de forme conique ; les plus « nombreuses entre toutes sont les momies

« d'ibis ; parfois les momies d'animaux étaient « dorées ; les plus petites étaient enfermées « assez communément dans un pot en terre « cuite.

« Dans ces grottes, les momies humaines ne « gisaient pas sans enveloppe. On les plaçait « dans des boîtes à couvercle ayant exactement « la forme et la proportion de la momie. Elles « se fermaient ensuite avec des chevilles de « bois et des cordes; des peintures hiéroglyphi- « ques , des figures, des fleurs et des compar- « timents ornaient ce couvercle, et à la tête « figurait un masque quelquefois doré, por- « trait plus ou moins ressemblant du mort.

« Les momies des pauvres étaient rangées « le long des hypogées, côte à côte, et garan- « ties seulement soit par les bandelettes, soit « par un enduit moulé sur le corps même, « composé d'un torchis d'argile, de sable, « de bouse de vache et de paille hachée, dont « la surface extérieure était grossièrement « peinte ; mais les corps des riches avaient par- « fois deux étuis. La décoration des boîtes « était assez uniforme ; les bras et les mains « étaient peints ou modelés légèrement en re-

« lief à l'extérieur, mais les pieds se trouvaient « mieux marqués ; les orteils coloriés en rouge « et les ongles en blanc. Au-dessous du cou « était un collier ; à la tête, un masque en car- « ton ou en bois sculpté ; le reste de la boîte « était semé d'emblèmes dont le plus fré- « quent était le scarabée ; quatre figures aussi « se reproduisaient fort souvent ; c'étaient de « petites images de momies avec différents mas- « ques ; elles revenaient toujours ensemble « dans le même ordre et dans plusieurs atti- « tudes : une figure humaine se trouvait la « première, puis venaient le cynocéphale, le « chacal et l'épervier ; les couleurs ont con- « servé tout leur brillant, à part le vert, qui « s'est altéré et qui a noirci. »

Thèbes, vendredi 19 février 1864.

Pas de lettres, pas une seule depuis mon départ de Paris, et je rêvais, cette nuit, que je lisais des lettres reliées en trois volumes, tant il y en avait !

Nous sommes arrivés hier vers minuit ; le

drogman avait illuminé les mâts et toute la cange d'une façon charmante. Les canges qui étaient amarrées au rivage nous reçurent par des coups de pistolet et de fusil ; les endormis se sont réveillés au bruit de la mousqueterie, et d'étranges toilettes de nuit se sont précipitées sur le pont pour nous mieux voir.

Je cherchais Thèbes dans les ombres, Louqsor et ses colonnes dont la lune faisait un mystérieux et grand tableau.

Même date, le soir.

Nous traversâmes le Nil ce matin pour visiter les ruines de la rive occidentale. Au débarquement, des ânes avec de belles selles rouges, des nègres, des fellâhs, des *bourriquiers* de toute taille et de toute couleur se disputèrent nos personnes. Joseph Moussalli choisit d'abord un guide ; il prit *Abdallah*, qui a de la célébrité parce qu'il connut jadis Belzoni, Champollion, Lepsius, Wilkinson, etc. Abdallah me fait l'effet de s'être échappé de son hypogée et de ses bandelettes de momies, tant il est sec et parcheminé. Il ne sait pas un mot de français. Mademoiselle de R... voulait lui écrire pour certificat : « Je n'ai pas compris un seul mot dit par Abdallah ; Abdallah n'a pas compris un seul mot dit par moi, nous nous sommes parfaitement entendus. »

Le vieil Abdallah, avec son vieux turban, son vieux manteau brun, sa vieille tunique bleue, monta sur son vieux baudet. Il mit les selles que nous avons apportées d'Europe sur des ânes tout jeunes et fringants ; nous partîmes au galop, escortés par des bourriquiers et des porteurs d'eau, une jeune fille et un enfant d'une douzaine d'années qui, à défaut du reste, s'était couvert les épaules d'un oripeau de laine brune ; l'enfant avait les cheveux ras, sauf de grandes mèches au haut de la tête. Quelle étrange caravane ! Quelques jeunes fellâhs, sortant de leurs huttes de terre, se mirent à rire en nous voyant.

La plaine est dominée par deux colosses qu'on voit à quatre lieues de distance : ce sont deux figures assises, d'un seul morceau de grès brèche dont l'extrême dureté défie nos ciseaux les mieux trempés et que les Égyptiens travaillaient avec une rare perfection. Ces colosses ont, avec le piédestal, vingt mètres de haut : c'est la hauteur d'une maison de quatre étages ; ils pèsent chacun, avec le piédestal, vingt-six mille quintaux. Chaque statue a dix-neuf pieds d'une épaule à l'autre. L'une jouit d'une extrême célébrité sous le nom de statue de *Memnon* ; elle chantait à l'aurore : soixante-treize inscriptions, parmi lesquelles on lit le nom de l'impératrice Sabine, femme d'Adrien, en font foi ; mais un tremblement de terre, l'an 27 avant Jésus-Christ, lui arracha la poitrine, que Septime Sévère lui refit au moyen de cinq assises de blocs de grès. Il y avait bien de quoi perdre la note ; aussi, depuis lors :

« Dans le vallon solitaire
Le rossignol est sans voix. »

Je vis au pied de la statue de Memnon un âne, et un aigle, — espérons-le. — L'âne allait et venait en liberté avec sa belle selle rouge ; son bourriquier, un petit noir aux dents blanches, nous riait des genoux de Memnon, où il s'était familièrement assis, escaladant par je ne sais quelle voie quinze mètres de haut. L'*aigle*, une éponge à la main, lavait une inscription grecque ; il avait du grec sur les genoux, dans un beau livre, et une conffià à bandelettes sur la tête. — Un savant, me dis-je, et j'allais passer ; mais il leva la tête et me salua d'un air doux et humain. Il me donna une foule de précieux renseignements. Je n'ai pas su son nom ; sa patrie est la belle France ; il fait partie, me dit-il, de la société du comte de Rougé, le directeur du musée égyptien, à Paris, et de M. Mariette, dont le bateau à vapeur est arrêté à côté de ma cange.

Les colosses ont la tête ceinte de bandelettes, et les mains posées à plat sur leurs genoux. En avant du trône, deux statues isiaques couronnées, deux fois grandes comme nature et en ronde-bosse, représentent peut-être la mère et la femme d'Aménophis III. Sur le côté des bases, de grands hiéroglyphes d'un pied de haut, exécutés avec perfection, constatent que « l'Aroéris, le fils du Soleil, le seigneur des « diadèmes, le réformateur des mœurs, celui « qui tient le monde en repos, Aménophis, a « érigé ces monuments en l'honneur de son « père Ammon. Il lui a dédié ces statues de

« pierre dure. » (XVIIe siècle avant J.-C.).

Dans le pays, on appelle le colosse du nord *Tâma*, et *Châma* celui du sud ; ils sont éloignés l'un de l'autre d'environ trente mètres, et regardent le Nil. Châma a encore sa coiffure et ses oreilles longues de plusieurs pieds, mais sa figure est détruite.

« Le voyageur, à l'aspect de ces monolithes, « se demande quel est ce peuple qui a pu por- « ter là, affermir sur cette base ces deux millions « pesant de granit qui y semblent incrustés « depuis trente siècles. »

L'histoire parle de deux Memnon : le premier, fils de Tithon et de l'Aurore, mourut sous les murs de Troie ; l'autre, qui s'appelle aussi Aménophis, est un prince éthiopien qui régna pendant cinq générations. Les savants nous diront sans doute un jour si c'est à celui-ci que la statue du nord était consacrée, ou peut-être même toutes les deux.

Cette partie de la splendide Thèbes, bornée par les montagnes de la Libye et le Nil, s'appelle aujourd'hui Médinet-Abou, Kournah, Bab-el-Molouk. Elle était occupée principalement par les temples et les tombeaux. Sous la domination romaine, les chrétiens y eurent, ainsi qu'à Karnak, beaucoup d'églises. Au milieu des ruines et de petites taupinières en terre qui leur servent de demeures, je fus entourée par des fellâhs et des enfants, dont quelques-uns me montrèrent des croix tatouées sur leurs bras en me disant : « *Chrétien, chrétien !* »

Le tombeau d'Osymandias, le Memnonium, le Ramesseïon désignent, je crois, les mêmes ruines de Médinet-Abou.

L'énorme bloc de granit rose étendu par terre, et si colossal qu'on n'en reconnaît les formes qu'à distance, est, selon quelques savants, la statue d'Osymandias, qui avait fait graver à ses pieds :

« JE SUIS OSYMANDIAS,
ROI DES ROIS;
SI QUELQU'UN VEUT SAVOIR QUEL JE SUIS,
ET OU JE REPOSE,
QU'IL DÉTRUISE QUELQUES-UNS DE MES OUVRAGES. »

Cette statue monolithe fut extraite des montagnes de Syène, à quarante-cinq lieues de là ; pour transporter cette masse énorme, il fallait que les Égyptiens connussent à fond la mécanique.

Jamais on ne pourra dépasser, pour la richesse de ses frises, ses corniches élégantes, sa beauté simple et gracieuse, le petit temple d'Isis, au nord-ouest du tombeau d'Osymandias : c'est un vrai bijou et un modèle.

Le vieil Abdallah nous conduisit d'abord au pavillon à trois étages de Ramessès II (1407 à 1341 av. J.-C.), seul palais dont les siècles aient épargné la décoration intérieure. J'ai passé entre deux tours immenses et des murailles qui seraient sombres et terribles sans les torrents de lumière qui tombent de ce beau soleil d'Égypte. Six balcons, soutenus par des prisonniers qui semblent succomber sous leur poids, rompent la surface unie. — Sur des pierres, dans du sable, grimpant comme des gazelles, nous sommes parvenus aux appartements. Les peintures des murailles sont des plus curieuses ; elles représentent les scènes de la vie intime de Sésostris : le Pharaon est assis dans un fauteuil de forme élégante ; une femme debout lui offre un fruit ; plus loin il y a des enfants, des fleurs, des vases précieux, et dans un autre tableau, le prince joue aux échecs avec la reine et les princesses, etc. Sur les murs extérieurs, le roi, grand, terrible, d'une étrange beauté, frappe les vaincus, qu'il tient par les cheveux. Ce sujet, répété dans beaucoup de tableaux, me donne une médiocre idée de la dignité généreuse des Pharaons. On sait que le grand Sésostris faisait traîner son char par les rois vaincus. Un plafond en losanges est d'un goût pur et charmant. Du second et du troisième étage du pavillon, on découvre la plaine de Thèbes, jadis si fertile, aujourd'hui désert stérile ; à l'est, la vallée, le Nil, Louqsor, Karnak; au nord la gorge de Kournah, et à l'ouest la chaîne des montagnes.

Plus loin, dans d'autres ruines, sur la porte de la bibliothèque, qu'on reconnaît aux emblèmes, était écrit, selon la tradition : *Remèdes de l'âme*.

Nous sommes entrés ensuite dans le grand temple. Je n'ai rien vu encore en Égypte d'aussi frappant : trois ou quatre pylônes, de vingt-deux mètres de hauteur, forment des perspectives auxquelles je n'avais même jamais rêvé. Sous ces portes gigantesques, placées de distance en distance, l'œil s'égare dans des cours, sous des portiques, dans des colonnades en ruines, mais écrasantes encore de majesté et de grandeur. La lumière éclatait en effets incomparables.

Que n'aurais-je donné pour rester là de longues heures, de longs jours; mais non, la terrible voix : *en avant! en avant!* qui au fond est celle de la mort, m'en a promptement arrachée. — La mort! — comment n'y point penser au milieu de ces ruines? Les Égyptiens étaient le peuple le plus occupé de la mort qui ait existé; ils passaient la vie, comme les trappistes, à creuser leur tombeau.

Sur le premier et magnifique pylône de soixante-trois mètres avec ses deux tours, Ramessès frappe encore les vaincus et les tient encore par les cheveux. — O Pharaon!

Quand on a franchi le portail, on se trouve dans une vaste cour entourée par des caryatides et des colonnes, et qui donne accès dans une autre cour encore plus belle, encore plus imposante par ses nombreuses caryatides, ses colonnes de sept mètres de circonférence, ses plafonds d'azur étoilés d'or, ses tableaux historiques si finement sculptés, ses combats, ses processions et la flotte. Ramessès-Meïamoun parle au peuple attentif et dit ces paroles après la victoire :

« Ammon-Râ était à ma droite comme à ma « gauche ; son esprit a inspiré mes résolutions. « Ammon-Râ a placé le monde entier dans « mes mains ! » Plus loin il dit encore : « Tu « me l'as ordonné, j'ai poursuivi les barbares ; « j'ai combattu toutes les parties de la terre ; « le monde s'est arrêté devant moi. »

Des fouilles nouvelles, mais incomplètes, ont mis à découvert, à la suite de cette cour, le sanctuaire précédé de colonnes cannelées. Sur les murs extérieurs de ce temple-palais sont sculptés et peints dix tableaux des combats de Ramessès où se groupent plus de deux cents figures de prêtres ou de soldats ; Sésostris est porté en triomphe dans un palanquin entouré d'emblèmes. Le lion indique son courage, l'épervier ses victoires, le serpent ses conquêtes, le sphinx son intelligence. Un *hierogrammateus* semble lire dans un volume déroulé les exploits du héros. Le cortége s'arrête au sanctuaire d'Harpocrate. Dans d'autres tableaux les chars se heurtent, les soldats combattent, Meïamoun précipite son char attelé de deux chevaux dans le fort de la mêlée, etc.; il assiste du rivage à la déroute d'une flotte ennemie, ce qui confirme le récit des historiens qui disent que Sésostris, le plus grand roi d'Égypte, fit équiper sur la mer Rouge une flotte de quatre cents voiles et subjugua l'Asie. Dans un tableau les prisonniers sont amenés au Pharaon; un scribe inscrit le nombre des mains coupées qui sont là amoncelées sous ses yeux; il y en a douze mille cinq cent trente-cinq.

Au-dessus du péristyle règnent d'immenses terrasses où les fellâhs avaient, il y a une quarantaine d'années, établi un village. A la suite de ces monuments se trouve l'Hippodrome dont la superficie était sept fois plus considérable que celle du Champ-de-Mars, à Paris, un petit temple le précède.

Des pierres énormes tombées des plafonds, et dont une seule ferait un pont qui traverserait la Senne à Bruxelles, obstruent la porte d'entrée. Que de cours! que de pylônes! que de colonnes! que d'hiéroglyphes! que de têtes d'éperviers! que de becs d'ibis! que de dieux à têtes d'animaux! Eh bien! tout cela est beau à voir, est grand, imposant.

Le palais du beau Sésostris, vainqueur de cent peuples, qui fit trembler l'Afrique et l'Asie et qui gagna une si terrible bataille à la tête de ses vingt-neuf fils, semble avoir été relié autrefois aux temples. — C'est à la fin du jour, quand les ombres grandissent, qu'il faut passer sous les deux pylônes de la façade, et voir les gigantesques débris qui couvrent la terre, les allées vides de leurs sphinx mystérieux, mais qui en ont gardé les piédestaux, les colonnes vacillantes, les plafonds effondrés, la statue brisée de Meïamoun dont les restes s'entassent comme une colline! Ce colosse, quoique assis, avait onze mètres de haut et pesait quatre fois et demie autant que l'obélisque de Louqsor.

Oh! pour moi qui aime le gigantesque et l'impossible, et les pierres comme des montagnes remuées par la main chétive de l'homme, je suis satisfaite ici. Nous avons erré longtemps au milieu de ces splendeurs évanouies! Je me rappelle encore deux bustes colossaux en granit noir et en granit noir et rose, et de cinq rangées de colonnes debout soutenant un plafond d'azur à étoiles.

Nous revînmes en silence à notre barque. Le soleil se couchait dans des teintes orange et violettes, telles qu'aucun pinceau, qu'aucune plume ne pourra jamais les peindre ou les décrire.

Thèbes, samedi matin, 20 février 1864.

Cette nuit nous sommes allés voir Karnak au clair de lune; quelle vision! Sous les beaux et limpides rayons de cette lune d'Orient, le temps n'avait plus de rides, et la vie avait remplacé la mort; l'allée des sphinx à travers laquelle nous marchions ne conduisait plus à des entassements de ruines, et au profond silence fait de trente siècles passés, mais au trône du triomphant Pharaon et dans le temple d'Ammon-Râ où, sous cent trente-quatre colonnes de vingt-trois mètres de hauteur dans la partie centrale, je voyais passer les rangs pressés des prêtres, longtemps maîtres de la science et de l'empire, les victimes, les vaincus, les processions des dieux d'or massif, portés sur des brancards d'or massif, les flabellifères, le collége sacerdotal entier, vêtu de la calasiris traînante ou de la peau de panthère aimée d'Osiris, ayant sur la poitrine des scarabées émaillés et des barils d'or.

Ce qui me trouble un peu, ce sont les têtes d'animaux sur des corps humains représentant les dieux ; j'en ai rêvé. Un petit homme, avec une grande tête d'épervier, me donnait un grand coup avec son grand bec, et j'ai fait un grand cri qui a réveillé toute la cange.

Nous sommes montés sur un pylône de la hauteur de la colonne Vendôme, et qui servait de porte d'entrée principale; le palais de Karnak occupait cent trente-quatre hectares. Je me suis assise ; une invincible mélancolie s'est emparée de moi à la vue du spectacle que j'avais sous les yeux. Ah ! Dieu seul « multi-« plie les nations et les renverse ; il les abaisse « et les élève ; il change le cœur des princes

« de la terre; il les égare et ils s'avancent « comme dans un désert sans voies; il les fait « chanceler comme s'ils étaient ivres. C'est lui « qui transporte les montagnes, qui les ren- « verse dans sa colère. Il touche aux colonnes « de la terre, et la terre s'ébranle sur ses fon- « dements. »

Même date, la nuit.

Les tombeaux de Thèbes sont innombrables; nul n'a pu encore les compter; pour en voir la plus grande partie il faudrait plusieurs années. Un des membres de la Commission française d'Egypte, à laquelle on doit un si grand pas dans la science, en compta deux cent cinq dans la seule colline de Kournah, et s'arrêta fatigué, n'étant point encore à la moitié. Pline dit que les armées passaient en dessous du Nil d'un côté à l'autre de Thèbes par les catacombes. Les tristes et terribles montagnes de Bab-el-Molouk, percées de toutes parts, ont un grand nombre d'hypogées qui n'ont point encore été ouverts, et Kournah, la vallée des tombeaux, la vallée de l'ouest, Deïr-el-Bâhri, la colline del Assasif, et peut-être même les tombeaux des reines, gardent sans doute d'importants secrets et des richesses fabuleuses. Un des hypogées de la colline del Assasif a deux cent soixante-six mètres de longueur et beaucoup de salles de côté couvertes de sculptures et de peintures. Ce palais souterrain fut élevé par un prêtre remplissant une haute charge à la cour. L'enceinte extérieure qui précède l'hypogée a trente-deux mètres sur vingt-quatre.

A l'entrée de la vallée qui conduit à Bab-el-Molouk M. Mariette découvrit en 1859, à cinq ou six mètres, beaucoup de caisses de momies et le magnifique cercueil doré de la princesse Aahhotep, mère d'Amosis (1700 av. J.-C.); il renfermait des bijoux d'or d'un travail exquis; un bracelet entre autres, à présent au musée du Caire, a obtenu le grand prix à l'exposition de Londres, où je l'examinai avec la plus grande admiration.

On voit le même bas-relief à l'entrée de tous les hypogées sur le bandeau de la porte : un soleil couchant à tête de bélier entouré d'un disque jaune. Nephthys, l'étendue céleste, et

Isis, la nuit, sont à côté, ainsi qu'un grand scarabée, image des générations successives. Le plan est le même pour tous les hypogées, qui ne diffèrent qu'en étendue et en richesse.

On entre par une porte taillée dans le rocher dans une galerie inclinée qui pénètre au flanc de la montagne; à droite et à gauche sont des chambres carrées ou des salles dont les voûtes sont soutenues par d'immenses piliers; dans les couloirs de côté sont pratiqués les puits de momies, larges de six à neuf pieds et profonds de vingt-quatre à trente ou quarante-cinq. On ne sait comment on y descendait. La longueur de l'hypogée est en rapport avec la longueur de la vie de celui à qui il était destiné, quand il s'agissait d'un roi ou d'une seule personne. Il y a peu d'années encore on ne pouvait s'y engager qu'au péril de sa vie. Des Arabes voleurs et assassins s'étaient réfugiés dans les grottes; on risquait de plus de mettre l'incendie aux toiles imbibées de bitume. Mais alors on y trouvait mille curiosités qui ont disparu : des statues portatives, des amulettes, des chapelets de scarabées, des lampes, des vases, des bronzes, de petites images de momies en bois peint, sortes de figurines votives, de petites figures en pâte ou en terre cuite à tête de bélier, d'ibis et de chacal, des singes, des grenouilles, des chats, des crocodiles, Nephthys ayant du pourceau, du lion, une tête d'hippopotame et des bras humains, du grain, etc., etc.

La chaleur s'y tient ordinairement à vingt-deux degrés Réaumur et même à vingt-cinq. L'odeur y est terrible, c'est un mélange de momie, de natroun, de chauve-souris, de manque d'air. Jomard, un des membres de la Commission d'Egypte, faillit être écrasé par le quart d'un pilier qui s'écroula pendant qu'il dessinait; une autre fois le feu prit et se communiqua à une certaine matière rouge qui s'allume comme la poudre, aux toiles, aux bois peints. Le savant était au fond d'un puits de douze pieds. « Il fallait, dit-il, remonter ce puits « avec des cordes, marcher plus de trente pas « sur un chemin difficile et sortir en rampant « par une entrée extrêmement basse que les « flammes avaient bouchée. Par bonheur, le « feu s'éteignit. »

Il ajoute : « Deux d'entre nous avaient pé- « nétré, à cinq heures du soir, le 15 octo-

« bre 1799, au fond d'un vaste hypogée décoré « avec la plus grande magnificence et composé « de salles, de galeries, de couloirs faisant « des angles fréquents. Nos curieux avaient « rencontré sur leur route un puits dont ils « avaient jugé la profondeur d'environ trente « pieds ; pour le traverser ils avaient été obli- « gés de s'asseoir sur le bord en s'avançant sur « leurs mains.

« Ils pensaient avoir laissé derrière eux plu- « sieurs puits, et en effet il y en avait d'autres « encore plus profonds dans l'hypogée.

« Par une imprudence dont l'expérience « seule pouvait leur apprendre tout le danger, « ils n'avaient que deux bougies pour éclairer « leur marche. Au moment où ils étaient le « plus attentifs à considérer des sculptures en « ronde bosse, tout d'un coup, du fond d'un « couloir, s'élance un essaim nombreux de « chauves-souris qui agitent violemment l'air « autour d'elles. L'une des deux bougies est « frappée et la flamme s'éteint. Celui qui la « porte court la rallumer à l'autre bougie, et « celle-ci, frappée au même instant, s'éteint « comme la première. Ils s'arrêtent immobiles

« de stupeur : — être enterrés tout vivants dans « ces tombeaux ! L'un frappe des mains, l'au- « tre appelle du secours. Vains efforts ! un si- « lence absolu, ou l'écho, ou le sifflement plus « horrible encore du vol des chauves-souris. » Ils se donnent la main et avancent en tâtonnant le long des deux murs qui leur échappent en même temps ; ils reconnaissent qu'ils sont dans un carrefour. Pleins d'effroi, « ils se dé- « cident à suivre le mur du côté droit. Ce parti « pouvait les enfoncer de plus en plus dans le « labyrinthe. Déjà la fatigue les gagnait ; ils ne « se disaient plus rien, lorsque tout à coup le « premier sent qu'il a un vide sous les pieds « et signale un précipice ; l'autre en même « temps reconnaît le bord d'un puits. Mais « quel est ce puits ? comment le traverser ? « Sans retard chacun s'assied en frémissant « sur ce bord étroit, le dos et la tête collés pour « ainsi dire à la muraille, les jambes suspen- « dues sur l'abîme, ils se traînent douce- « ment, insensiblement se soulèvent sur leurs « mains et sans avancer à chaque fois de plus « de six pouces. » L'un d'eux fit un faux mouvement et faillit entraîner son compagnon, mais bientôt ils sont au-delà de l'ouverture.

« Si ce puits n'est pas celui qu'ils cherchent !
« — Ils s'attachent constamment à la muraille
« du côté droit. Comme ils marchaient dans
« cette direction, une lueur presque insensible
« et reculée vient frapper leurs regards. Ils se
« portent rapidement vers ce léger feu,.....
« c'était là clarté du jour ! — L'un d'eux
« éprouva un mouvement vif et subit, non de
« joie, mais d'horreur, qui le fit courir à per-
« dre haleine jusqu'au dehors de l'hypogée. »

« Le poëte anglais Aaron Hill, dit encore
« Jomard, voyageait en Égypte vers 1740 avec
« deux de ses amis; voulant visiter une cata-
« combe, ils prirent un guide et y descendi-
« rent au moyen de câbles. Comme ils par-
« couraient le caveau, ils découvrirent deux
« hommes couchés à terre et qui paraissaient
« morts de faim. L'un d'eux avait des tablettes
« sur lesquelles était écrite l'histoire de leur
« triste sort. Les malheureux étaient deux
« frères tenant à une grande famille de Venise.
« Aaron Hill et ses compagnons virent avec
« terreur le danger qu'ils couraient. A peine
« avaient-ils lu ces tablettes, qu'ils aperçurent

« que leur guide et deux autres hommes s'oc-
« cupaient de fermer l'entrée du tombeau. Ils
« tirèrent leurs épées et cherchèrent à sortir
« du caveau. C'est alors qu'ils entendirent les
« gémissements de quelqu'un qu'on venait
« d'égorger. Ils distinguèrent les assassins, les
« poursuivirent, eurent le bonheur d'arriver
« à l'ouverture avant que ceux-ci eussent pu
« y rouler une pierre énorme qui devait ense-
« velir vivants les trois voyageurs. »

Jomard trouva dans les souterrains une émeraude qui avait la forme d'une croix hiéroglyphique ; mais l'intérêt le plus grand peut-être des fouilles, et l'objet le plus précieux, sont les papyrus. L'un d'eux, copié par la Commission française, a vingt-huit pieds de long et se compose de cinq cent dix-sept colonnes d'écriture hiéroglyphique. Il est à la Bibliothèque impériale, à Paris.

« Les papyrus sont placés ordinairement
« sous les enveloppes générales qui recouvrent
« les momies ; on en a trouvé indistinctement
« dans des momies de femmes et d'hommes.
« Chaque volume est roulé sur lui-même, de
« gauche à droite ; il est aplati et lourd. Au

« toucher il est sec et cassant et saisit l'odorat « par un fort parfum de baume. Le dérouler « au sortir de la momie serait impossible; il « craque, se déchire par lambeaux et tombe « en poussière. Pour le dérouler, il faut hu- « mecter le papyrus et le dévider, pour ainsi « dire, avec une patience souvent prolongée « pendant plusieurs jours, sur un châssis cou- « vert de gaze fine et enduit d'eau gommée.

« Ce qui résulte de cet examen des papyrus « égyptiens, c'est qu'ils étaient écrits par por- « tions séparées, en colonnes ou en pages, « qu'ils portaient tous une scène principale « constamment analogue; que certains com- « mencements d'alinéas étaient écrits en rouge « tandis que le texte était en noir; que les si- « gnes procédaient dans les uns de droite à « gauche, perpendiculairement dans les au- « tres; enfin, que plusieurs espèces de carac- « tères y étaient employées tantôt hiéroglyphi- « que, tantôt hiératique, suivant que les si- « gnes étaient figuratifs ou abréviatifs; l'autre « alphabétique ou cursive, ou démotique, ou « épistolographique.

« Toutes les couleurs de ces manuscrits sont

« admirablement conservées. L'écriture cur-« sive est presque toujours accompagnée de ta-« bleaux hiéroglyphiques. Ces derniers repré-« sentent ordinairement le jugement de l'âme « du mort : deux prêtres masqués pèsent dans « une balance des objets symboliques, tandis « qu'un autre, également masqué, écrit sur « une tablette le résultat de la pesée, et qu'un « dieu assis sur une estrade paraît présider à « cette scène. » (*Histoire de l'expédition française en Égypte.*)

Sur le Nil, en face de Louqsor, samedi 20 février 1864.

Ce matin nous avons repris la petite barque pour traverser le Nil et nous rendre de Kournah à la vallée des tombeaux que les Arabes appellent Bab-el-Molouk. Abdallah le vieux et son vieil âne, et nos jeunes bourriques, et nos noirs bourriquiers, et la jolie fille à la gargoulette, et l'enfant de bronze aux épaules drapées, toute la caravane, en un mot, nous attendait. Nous partîmes au galop et gaiement; mais en avançant dans le steppe affreux, la solitude de la vallée, la grandeur stérile des montagnes de rochers, la désolation de cette grande route, silencieuse et muette comme ses tombes, ont changé le cours de mes pensées. Les Égyptiens cachaient avec soin leurs tombeaux où ils enfouissaient des trésors. Le hasard a livré parfois leur secret ; une roche croulante, une pierre déplacée, les jeux d'un pâtre, élargissant une fissure, ont mis sur la trace. Une trentaine d'hypogées royaux sont connus et explorés. Le vieil Abdallah, qui a des oreilles en cornet, nous conduisit d'abord à *la tombe du grand Sésostris*.

Un escalier très-raide descend à sept mètres et demi au-dessous du sol et aboutit à une galerie chargée d'hiéroglyphes et de figures ; un second escalier mène à une seconde galerie ; celle-ci se termine à une salle qui paraissait la fin de l'hypogée. Mais Belzoni, en sondant les murs, entendit un son creux ; il déplaça une pierre, et une nouvelle série de salles et de galeries s'ouvrit pour la première fois depuis trois mille trois cents ans. Que j'aurais voulu être là ! L'imagination la plus calme s'émeut dans ces merveilleux palais funèbres dont les belles sculptures semblent peintes d'hier et sont faites avec un art qui n'a jamais été surpassé. La grande pièce du tombeau de Sésostris est carrée ; sa voûte est soutenue par quatre colonnes ; ses murailles représentent les quatre races du monde assistant aux funérailles du Pharaon. En descendant encore quelques marches, on entre dans une vaste salle soutenue de deux énormes colonnes. Le règne de soixante-six ans de Ramsès Meïamoun ne s'est pas trouvé encore assez long pour qu'il pût faire terminer les ouvrages de son hypogée. Ici, les scènes qui devaient l'orner ne sont qu'esquissées en noir sur le stuc des murailles; l'esquisse est d'un trait ferme et correct. De cette salle inachevée, on entre par un double passage dans une chambre dont les peintures représentent des scènes funéraires, puis, dans une salle à six colonnes. On laisse deux chambres à gauche et à droite et on pénètre dans une sorte de chapelle ornée d'une profusion de sculptures ; le plafond est arrondi en voûte, et enfin, après toutes ses recherches, le premier explorateur eut devant les yeux le magnifique sarcophage en albâtre qui est aujourd'hui à Londres. Mais le sarcophage était vide ! — Les parois d'une chambre à gauche sont chargées de tableaux ; à la base du cénotaphe, Belzoni découvrit l'entrée d'un plan incliné et un double escalier qui conduit profondément dans la montagne. Des éboulements empêchèrent d'avancer. Momie royale, es-tu là ?

L'hypogée a cent quarante-cinq mètres de longueur : c'est la plus magnifique demeure des ombres que l'imagination et la puissance puissent enfanter. J'en sortis avec respect pour le grand Sésostris, car je ne crois pas qu'on puisse tant honorer la mort et déshonorer sa vie, et heureuse qu'il ait gardé son secret et que son corps ne soit point devenu l'ornement ou la curiosité de quelque musée.

Quand nous sommes remontés au jour, le soleil versait des torrents de lumière sur l'aride montagne. Le contraste était grand, aussi grand qu'entre la mort et la vie ! — La chaleur accable dans cette vallée; deux soldats, de la suite du général Desaix, y sont morts asphyxiés.

La *tombe de Memnon*, où nous sommes entrés ensuite, est au nombre des plus vastes; mais elle a perdu la poésie du mystère, parce qu'elle fut connue des Ptolémées et des Romains, et dès lors dévastée. Je fus frappée d'abord par la vue de deux serpents à tête d'homme. — Il y a bien des humains qui ressemblent à ces dieux-là. — Sur les plafonds noirs se dessinent des personnages rouges qui m'ont rappelé le genre étrusque, et dans les entrailles du rocher funèbre cette peinture est d'un grand effet. Çà et là il y a des têtes coupées : hommage au Pharaon vainqueur. Les sculptures sont faites en creux dans la pierre, et peintes en jaune, en vert, en rouge ou azur, selon les couleurs attribuées aux différents dieux, avec un éclat et une vivacité dont le secret est perdu.

Abdallah le vieux nous conduisit au tombeau des harpistes, dont le voyageur Bruce a parlé le premier.

Nous allons assister à la vie qu'on menait treize cents ans avant Jésus-Christ, voir des costumes et des portraits de ce temps si loin, et en réalité si peu de chose dans l'abîme où tout s'engloutit!

Ici, comme partout, comme dans les temples les plus gigantesques, aucun endroit n'est sans peinture et sans hiéroglyphes. La pierre est la page immortelle sur laquelle l'histoire égyptienne est écrite, et cependant, ce feuillet de granit, le Temps, de sa main forte et terrible, l'a jeté parfois aux vents. Ici, comme dans la plupart des tombes royales, on voit une longue suite de galeries disposées en enfilade, et de vastes pièces souterraines. La beauté variée des peintures fait de cet hypogée l'un des plus curieux. Une foule de petites chambres, qui n'ont pas de communication entre elles, s'ouvrent sur deux passages. Je commence par la vie matérielle : la boucherie. — Des hommes tuent un bœuf en plein champ, comme je l'ai vu faire souvent à Tanger; d'autres hachent de la viande, la pilent dans un mortier, la font cuire dans des vases posés sur des bâtons flambants et sur un trépied. On voit des siphons où l'on transvase des liquides, de la pâtisserie, des légumes; des boulangers qui font leur cuisson dans des fours pareils aux nôtres. Me voilà tranquille, Pharaon ne se nourrissait pas des sauterelles d'Egypte.

Suit la chambre de l'arsenal, ornée de sabres droits et recourbés, de poignards, de lances, d'arcs, de carquois, de flèches, de javelots, de massues, d'étendards, de grands coutelas, et, ce qui m'étonne toujours, de cottes de mailles. — Plus loin est la marine, ou plutôt sont les canges de Pharaon, barques richement pavoisées, et dont quelques-unes ont des cabines spacieuses.

Là, je m'initie au luxe inouï d'un élégant d'il y a trois mille ans; ici, je vois des siéges, des lits de repos de formes ravissantes, couverts de draperies du plus beau travail, des tapis en peaux de léopard et de panthère, des bassins d'or, des vases d'une forme exquise.

Dans une autre chambre, sont peints le débordement du Nil, l'ensemencement des terres, des fruits, des oiseaux; enfin, dans la dernière de huit loges, deux musiciens jouent de la harpe. Les harpes, couvertes d'ornements, ont vingt et une cordes ; le chant semble être écrit dans une colonne d'hiéroglyphes, tracée à la base des instruments. L'un des joueurs, vêtu d'une tunique noire, s'adresse à des divinités dont l'une a une tête d'épervier; l'autre harpiste est vêtu de blanc.

Chaque chambre renferme un puits fermé, qui contient les momies des officiers de la cour. Leur décoration intérieure répond sans doute aux fonctions que ces personnages exerçaient.

Nous sommes passés dans une seconde galerie qui fait un coude, et où sont peints des sujets de l'*Amenti* ou monde inférieur. Le sarcophage, de granit rose, d'un poids tel qu'il avait été descendu par la crête libyque, placé dans la grande salle, a été trouvé vide. Dix portes se fermaient sur lui. Cette salle est bien l'endroit le plus imposant et le plus fantastique qu'on puisse rêver. Huit colonnes carrées et gigantesques soutiennent la voûte. Des bourreaux, armés de coutelas, coupent des têtes. Nos torches brillaient d'une lumière lugubre dans ces ombres éternelles : rien ne m'aurait moins surprise que l'apparition du Pharaon.

De même que la Seine sépare Paris, le Nil sépare Thèbes. De ses trois parties, Kournah, Karnah et Louqsor, la plus magnifique est

Karnah; mais les nombreux hypogées de la rive occidentale prennent plus de temps, et, en vérité, il faudrait faire comme Champollion, s'établir là des années entières. Que de curiosités il nous a fallu laisser, sans même les regarder ! Nous sommes cependant entrés encore dans deux tombeaux : l'un, que Wilkinson a marqué du n° 15, nous a frappés par la beauté de ses statues,

Le soleil commençait à baisser. Le vieil Abdallah et son vieil âne ont chanté le chant du départ. Nous sommes revenus par le temple de Kournah; le temps et les hommes en ont ébranlé les colonnes, ont brisé les sphinx, ont renversé et mutilé les colosses de granit noir; les sculptures et les hiéroglyphes encore subsistants sont d'un goût élégant et pur.

(Voilà mon petit singe qui court, marque ses petites mains et fait ses gentillesses sur mon journal.)

Thèbes, dimanche 21 février 1864.

En prenant des renseignements aux Franciscains du Caire, on peut ne manquer jamais la messe sur le Nil. Mais qu'il serait bien mieux d'avoir avec nous le pauvre malade de Versailles !

Nous avons encore exploré Kournah. Le vieil Abdallah nous guida d'abord vers une fouille nouvelle de M. Mariette, qui vient de mettre à découvert des stucs, des peintures, des ornements frais et remplis de grâce ! Des fellâhs nous vendirent du blé de trois mille ans trouvé dans les momies et que je compte planter, du pain de la même époque, des scarabées, une figurine en bois peint, un petit pied d'enfant cambré et à la peau fine, si naturel et si joli qu'il semble prêt à marcher. J'allais acheter un chat dans ses bandelettes, mais madame Waudru m'assura qu'il était impossible de le mettre dans nos caisses, qu'il *sentait la peste*, etc. Je le laissai à regret, il avait une si drôle de petite figure emmaillotée.

Nous avons visité encore plusieurs tombeaux

curieux et nous sommes entrés à la colline del-Assasif, dans le sombre hypogée de deux cents soixante-six mètres de longueur. Aucun conte d'Hoffmann n'a peint l'horreur d'un tel lieu. Des milliers de chauves-souris s'échappaient des galeries et des salles, une odeur insupportable de momies suffoquait, et à la lueur des torches nous voyions des abîmes sous nos pas.

Au sortir nous sommes descendus dans une salle éclairée par le haut et remplie de momies que les fellâhs ont dépouillées pour y chercher des scarabées, du grain ou toute autre curiosité. Ces morts qui gardent la figure humaine, jetés pêle-mêle et sans respect, sont une chose triste à voir. Mieux vaudrait qu'ils eussent été la proie des vers. J'ai pris des cheveux à l'un d'eux. Je vous en donnerai.

Nous revînmes par le magnifique temple de Médinet-Abou que le soleil de l'après-midi dorait de ses dernières teintes.

Orient! Orient!! tout est lumière et ombre, ruine et mystère dans ton sein, et le sphinx qui gardait tes temples et tes hiéroglyphes n'a jamais révélé les secrets de ton cœur ni les pensées de ton esprit; le Nil lui-même, s'il parlait, dirait d'étranges choses. Bien des fois dans le passé, bien des fois dans le présent, des barques silencieuses se sont arrêtées la nuit au milieu de ses flots. Quelque chose tombait dans leur sein. La barque revenait au rivage et personne n'entendait plus parler du coupable ou de la victime.

Citerai-je encore, non loin des harpistes, l'hypogée de l'astronomie et celui de la métempsycose? Et au nord du tombeau d'Osymandias celui qui a vingt-huit pièces souterraines dont quelques-unes ont jusqu'à quatre-vingts pieds de longueur? Quelques galeries sont à un étage supérieur, on y arrive par un escalier de cinquante-six marches.

Le cimetière des singes est uniquement consacré à ces animaux momifiés et entourés de bandelettes avec le plus grand soin.

Sur le Nil, en face de Louqsor, lundi 22 février 1864.

Nous avons failli trouver notre hypogée à Thèbes : l'un de nous a mis cette nuit le feu à la cange en faisant la chasse à courre aux araignées. Il était tard, je dormais si profondément que je ne savais où j'étais quand je me suis réveillée au milieu des flammes. Le drogman Joseph Moussalli a montré une rare énergie; pendant que madame Waudru remplissait les rivages thébains de cris tels qu'ils n'en avaient jamais entendu, tandis que Xiste donnait un coup de poing dans sa fenêtre et brisait la glace pour sauver par là son entorse, Joseph Moussalli s'est jeté dans le feu, a arraché nos moustiquaires enflammés, et, aidé du reïs et d'Abaskander, a éteint ce commencement d'incendie, mais non sans brûlures, surtout à la jambe et à la main. Mademoiselle de R. est légèrement brûlée à la main; j'ai manqué suffoquer dans mon lit.

L'immobilité où son entorse tient Xiste lui a donné la fièvre. Comment cela finira-t-il? Au lieu du docteur hongrois resté à Philée, j'ai trouvé à Thèbes, voyageant avec une malade polonaise, la comtesse ***, un médecin polonais qui le traite comme un cheval.

Le soir.

Il est des noms qu'on retrouve à chaque page des relations sur l'Égypte : Hérodote, Diodore de Sicile, Strabon, Bruce, Champollion, Belzoni, Lepsius, Vilkinson, M. E. de Rougé, etc.

Bruce naquit en Écosse en 1730 et mourut à soixante-quatre ans. Il était négociant. Le chagrin que lui causa la mort de sa femme lui fit chercher une distraction dans les rudes voyages ; il visita l'Afrique septentrionale et l'Abyssinie et chercha les sources du Nil.

Belzoni a une vie plus aventureuse encore ; né à Padoue en 1778, il mourut à Gata sur la route de Benin en 1823, âgé par conséquent de 65 ans. Il avait été d'abord destiné à l'état religieux, puis il s'engagea en 1803 au théâtre d'Asthley comme acteur. Neuf ans après il se fit danseur à Alexandrie. Un pas véritablement heureux et grand lui gagna les grâces du pacha. Belzoni fit ouvrir les pyramides de Gizèh et de Chéphrem et plusieurs tombeaux de Thèbes d'où il transporta à Alexandrie le buste fameux de Jupiter Ammon, aujourd'hui au musée Britannique. Il parcourut les côtes de la mer Rouge, découvrit les mines d'émeraudes de Zonbara et pénétra jusqu'à l'oasis d'Ammon.

Volney, fait comte par Napoléon, s'appelait Chassebœuf. Il naquit à Craon en Anjou en 1757 et mourut en 1820 à soixante-trois ans. Il parcourut pendant quatre ans l'Égypte et la Syrie, et resta huit mois chez les Druses, dans un couvent grec-uni de l'ordre de-Saint-Basile, pour y apprendre l'arabe. Ses ouvrages sur l'Orient eurent une extrême célébrité, mais ils ont été justement censurés, surtout ses *Ruines*, à cause du triste esprit irréligieux qui y règne.

Quant à Champollion, chacun le connaît. — Je crois que le docteur Lepsius et M. Vilkinson vivent encore.

Lundi soir, même date.

Aujourd'hui a été le grand jour de *Karnah*, que je n'avais vu encore, comme autrefois le Colysée, qu'aux rayons magiques de la lune.

Le pauvre Joseph Moussalli, tout brûlé, resta au logis. Xiste, l'estropié, fut établi sur un âne ainsi que nous tous, et nous partîmes avec un guide et la nuée obligée de sauterelles qui, sous le nom de bourriquiers, crie, court, chante constamment autour de vous et finit par vous tendre la main en chantant plus fort : Bachich ! bachich !

J'allais parler d'Ousertesên I et d'Aménophis. On m'interrompt pour m'apporter du moka si délicieux que j'abandonne volontiers ces trônes d'il y a quatre mille ans.

Les Orientaux pilent le café en poudre impalpable, ils le font bouillir promptement et le servent avec le marc. C'est un parfum qui nous est inconnu, et une boisson salutaire préservant de la fièvre. On en boit toute la journée, et dès qu'on entre dans une maison on vous en apporte.

Revenons à nos moutons, c'est le cas de le dire, car beaucoup de sphinx de Karnah ont des têtes de bélier.

Ousertesên I (vers 2800 av. J.-C.) commença les murailles de Karnah, dont les ruines sont les plus belles de l'Égypte et peut-être de l'univers entier. Pendant deux mille huit cents ans chaque Pharaon y ajouta quelque chose. Le grand temple fut consacré à Ammon-Râ, dieu soleil, dieu tutélaire de l'Égypte, représenté la tête surmontée du disque solaire et le corps peint en rouge. Il consent même très-souvent à avoir une tête d'épervier, ce qui ne l'empêche pas d'être honoré comme le père des Dieux et des Pharaons qui s'intitulent : fils du Soleil.

KARNAH. — PREMIER COUP D'ŒIL.

Nous marchâmes dans une allée de deux kilomètres de longueur qui devait compter six cents sphinx de chaque côté et qui aboutissait au Nil ; sphinx à corps de lion et à tête de femme ; peu sont entiers. Les piédestaux sont restés intacts pour la plupart. Les sphinx tiennent entre leurs pattes antérieures la statue d'Aménophis III (1700 av. J.-C.) Il est probable qu'ils bordaient un canal au temps de la crûe, car l'eau y monte encore ; ce canal devenait une rue ou une promenade pendant les eaux basses. Une avenue de sphinx à tête de bélier vient se rattacher à celle-ci ; elle nous conduisit à un beau propylône, grand arc triomphal où Ptolémée Evergète est représenté avec Bérénice.

Nous reprenons une nouvelle allée de sphinx pour arriver au temple de Kons, qui est bien conservé. Ses colonnes sont basses et massives, mais je le regarde à peine ; j'ai la fièvre de voir, et je cours vers le grand temple, les yeux déjà ravis de tout ce que j'aperçois. Des sphinx à tête de bélier conduisent à la grande entrée, pylône qui a la hauteur de la colonne Vendôme et dont les pierres détachées de ses murs semblent des quartiers de rochers ! Deux statues gigantesques gisent mutilées à ses pieds.

Je franchis cette porte large de cent treize mètres ! — et un éblouissement me passe devant les yeux : les murailles, la cour, les temples, les colonnades, la colonne isolée haute de soixante-dix pieds, les pylônes, tout est gigantesque, tout est écrasant, tout monte jusqu'aux cieux ! . . . .

. . . .

. . . .

Cette première cour est immense, elle est fermée d'un côté par des colonnades où se trouve un temple de cinquante-deux mètres de longueur, sur une largeur de vingt-cinq mètres, mais on le remarque à peine, perdu qu'il est dans l'ensemble des constructions titaniques. En tournant autour et cherchant à le bien voir, nous sommes entrés dans une salle où un très-bon déjeuner fumant était servi au milieu de momies et de cercueils peints et dorés.

Le philosophe qui se disposait à faire là son repas n'eut pas l'air trop *philosophique* à ma vue ; un convive entra et je me hâtai de sortir, malgré le grand désir que j'avais d'examiner les momies et les cercueils dorés.

Au milieu de la grande cour sont les bases et les débris gigantesques d'une avenue de douze colonnes de vingt et un mètres de hauteur, dont une seule est debout. Ces colonnes, monuments votifs, portaient sur leur faîte des ibis, des chacals, l'épervier, le bélier, etc., etc., géants tombés d'une seule pièce et qui couvrent le sol de leurs assises rangées encore dans leur ordre primitif.

Nous montons sur un large perron de sept marches, gardé jadis par deux colosses de granit rouge, dont il reste deux jambes. Sur des murs de trente mètres de haut qui forment le vestibule, j'admire des tableaux religieux ; enfin nous pénétrons dans la merveille de Thèbes, dans la grande salle hypostyle !... Ici, on est dédommagé de toute fatigue, et on reconnaît qu'aucun voyage n'est trop long, qui conduit à de pareilles merveilles !.....

Les colonnes sous lesquelles je marche, moi, atome imperceptible, ont l'air de soutenir la voûte des cieux ! L'avenue centrale, qui correspond à d'autres avenues formant des perspectives sans fin, a douze colonnes de plus de dix mètres de circonférence, telles que la colonne Trajane, qui s'élèvent à vingt-trois mètres de haut ; cent trente-quatre colonnes, supportant le plafond fait de pierres semblables à des montagnes, sont couvertes entièrement de sculptures et de riches peintures ; les murailles retracent des expéditions guerrières : c'est la science, c'est l'art, c'est la richesse, c'est l'homme cherchant à escalader les cieux !.....

« Mais Dieu s'est levé et les colonnes ont « tremblé sur leurs bases, et l'homme a été « balayé comme une poussière... »

On sort de cette salle de géants par un pylône ; deux obélisques, l'un renversé, l'autre debout, sont devant vous, et bien des ruines parlantes, écrasantes, qui confondent ! Un quatrième pylône conduit à une cour intérieure ; ici encore on voit deux obélisques monolithes, l'un sur sa base, l'autre à terre ; celui qui est debout a six mètres de plus que l'obélisque de la place Louis XV. Il a tout près de trente mètres de haut, grandeur presque égale à celle de l'obélisque de Saint-Jean-de-Latran, à Rome, le plus grand qui existe. Il domine la galerie des caryatides, galerie d'un imposant effet, malgré les ruines qui l'encombrent.

Mes idées commencent à tenir du rêve ; je nage sur un océan fait de dieux renversés, de colonnes brisées, d'obélisques pyramidant comme des phares. Je passe pleine de songes sous un portail de granit, et, après avoir erré quelque temps encore au travers des chapiteaux tombés, des entassements de granit semblables à des carrières où l'on travaillait, des dieux décapités, de chambres latérales aux fines sculptures, brillantes de vives couleurs, j'arrive au sanctuaire. Ni le temps, ni les hommes n'ont pu faire de tels ravages ; la terre a dû s'ébranler sur ses fondements pour causer ce désordre, ce bouleversement et la mélancolie qui règne ici !...

Je franchis des flots de pierre pour arriver au palais de Touthmès III, entrer dans une vaste salle à colonnes, et de là dans la chambre des ancêtres dont l'important cartouche, aujourd'hui au Louvre, représente Touthmès faisant des offrandes à cinquante-sept de ses prédécesseurs. Ils sont assis sur quatre rangs.

Océan de ruines, océan immobile de pierre, désastres et ravages, caducité de toutes choses, vous nous entourez de nouveau, de nouveau nous entendons votre voix lamentable et terrible.....

Quelques colonnes élèvent leurs têtes par-dessus les vagues pétrifiées, quelques chambres ornées et peintes avec soin ont échappé au cataclysme.

L'adytum qui est dans l'axe de la grande porte de façade, carré, orné et sculpté d'une manière remarquable, termina ma visite au palais et au temple des Pharaons!

Thèbes avait six lieues de tour, le palais et le temple occupaient cent trente-quatre hectares.

Depuis l'entrée jusqu'à l'adytum, la longueur est de trois cent soixante-cinq mètres. Derrière, et à une assez grande distance, s'élève encore un pylône avec une belle avenue de sphinx, les plus grands qui existent.

Nous retournâmes à la cange. Moussalli y trônait comme un Pharaon, entouré d'amis qui le félicitaient sur son courage pendant l'incendie.

Xiste, repris de la fièvre, avait quitté Karnah longtemps avant nous.

Nous traversâmes Louqsor pour revenir, ses rues poudreuses, son marché pittoresque, son temple œuvre d'Aménophis et du grand Sésostris. Le temple est enfoui sous le sable, dégradé par des maisons de fellâhs, noirci par leur fumée. Ses pylônes et ses colonnes se baignent dans la poussière et je n'ai bien vu que l'obélisque et l'oreille d'une statue. J'ai mesuré l'oreille ; elle a quelque chose de moins que la longueur de mon bras. Le palais de Louqsor est soutenu par deux cents colonnes, les plus grosses ont dix pieds de diamètre. Devant le pylône Ramsès avait élevé ses deux statues colossales, et ses deux obélisques de grandeur inégale taillés dans le granit de Syène. Le plus grand à gauche mesure vingt-six mètres six centimètres depuis sa base jusqu'au sommet du pyramidion. Le second, qui était à droite, n'a que vingt-trois mètres cinquante-sept centimètres. Il a été donné à la France par Méhémet-Ali en 1836. Tous deux sont vantés pour la beauté de leur exécution, la finesse et la pureté de leurs hiéroglyphes qui redisent la gloire de Ramsès Meïamoun. Ils furent taillés vers 1464 (av. J.-C.).

Sur le Nil, mercredi 24 février 1864.

Nous retournâmes à Karnah le lendemain du grand jour où je le vis pour la première fois !

Je me suis assise de longues heures au-dessus de la galerie des caryatides, et au pied de l'obélisque renversé. J'ai eu là bien des pensées tristes ; plût à Dieu qu'elles eussent été fortes et généreuses ! Les ruines m'attirent ; j'aime la poussière des siècles, et la puissante voix de Dieu dans l'immensité des solitudes jadis peuplées. Il est un moment dans la vie où le bonheur et l'image trompeuse de ce monde n'ont plus de reflet dans l'âme, et où la lyre presque brisée qui résonne en nous n'a qu'une note frémissante et désolée !

Thèbes possédait des statues d'or, d'argent,

d'ivoire et d'incomparables richesses que Cambyse pilla d'abord, et un Ptolémée ensuite.

Le soir, même date.

Parlons de Thèbes, toujours de Thèbes !

J'ai quitté cette ville hier soir avec un regret si vif qu'il ressemblait à une douleur.

Si le but n'était vénéré, sacré, aimé ! s'il n'était en un mot Jérusalem ! Jérusalem de la terre et Jérusalem du ciel !... je voudrais me cacher dans le fond d'un abîme pour ne point entendre continuellement cette terrible voix : *marche ! marche !* qui m'arrache à tous les endroits où je voudrais dresser ma tente, car bâtir.... puis-je y songer quand je ne vois que trônes vides, que ruines, qu'écroulements, que nécropoles !

Pour notre départ Mustapha nous a tiré deux coups de canon ; Joseph Moussalli en est rayonnant.

Thèbes, appelée jadis *Diospolis magna*, et souvent *la Ville*, est assise dans une plaine fertilisée autrefois par des canaux, et bordée de montagnes. — La fertilité s'est évanouie avec la gloire et la vie, et le désert silencieux a tout envahi ! le Nil séparait en deux parties à peu près égales *la ville* chantée par Homère et dont les maisons avaient quatre étages.

La rive orientale porte à présent le nom de Louqsor et de Karnah.

Il me semble que je n'ai rien dit, pas même bégayé en parlant de la salle hypostyle ; elle a trois cent dix-huit pieds dans sa plus grande dimension, et cent cinquante-neuf dans sa plus petite. Les chapiteaux ont près de soixante-quatre pieds de développement, et leur partie supérieure présente une surface où cent hommes pourraient tenir aisément debout. « Cette salle hypostyle est une des plus mer« veilleuses choses que l'imagination humaine « puisse concevoir. Pour s'en faire une idée « exacte, il suffit de dire que l'une de nos « plus grandes églises, telles que Notre-Dame « de Paris, y tiendrait tout entière. C'est là « sans doute que les souverains pontifes de « l'Égypte tenaient leur cour plénière. Peut« être même voyait-on dans cette enceinte « les trois cent quarante-cinq statues des pon-

« tifes-rois tous nés l'un de l'autre. — Là aussi « avaient lieu des fêtes politiques et reli« gieuses, les cérémonies de couronnement « et celles d'initiation. Pour la vie ordinaire « on avait bâti les appartements de granit. « Les pièces étaient plus petites, mieux divi« sées, plus élégantes. Elles sont couvertes « de peintures qui représentent le Pharaon « présidant aux initiations, ou de meubles, « de vases, de cassolettes, de colliers de « perles. C'est là que Jollois et Devillers, de « la commission française, qui gravèrent en « dedans du grand pylône les latitudes des dif« férentes villes d'Égypte, entendirent le phé« nomène, célèbre dans l'antiquité, de pierres « chantant à l'aurore. »

« Il nous est plusieurs fois arrivé, écrivent« ils, lorsque nous étions occupés à mesurer « les monuments ou à dessiner, d'entendre, « après le lever du soleil, un léger craquement « sonore qui se répétait plusieurs fois. Le son « nous a paru partir des pierres énormes qui « couvrent les appartements de granit. »

Les murs qui enceignent le temple en sont dignes. Leurs parements sculptés de figures gigantesques rappellent les conquêtes des Pharaons.

Toute la campagne est jonchée de ruines; les mieux conservées sont celles du sud, où s'étendent les grandes allées des sphinx et où se voient les propylées, formés de majestueux pylônes qui, se succédant de proche en proche, faisaient au temple la plus belle, la plus merveilleuse des avenues ! Un des quatre pylônes est flanqué de deux statues assises, en spath cristallisé : l'une, mieux conservée, est coiffée d'un bandeau rayé qui retombe en s'élargissant sur les épaules. De l'autre côté du pylône, il y avait deux statues que les Arabes ont sciées pour en faire des meules de moulin. Ici près est un grand bassin autrefois pavé en pierre, et où les eaux du Nil arrivent encore. La porte du quatrième pylône est un des beaux morceaux dus au ciseau égyptien. L'avenue était ornée de dix-huit colosses dont douze existent encore.

D'après quelques papyrus trouvés à Thèbes, il y avait une rue appelée *rue Royale*, qui allait du Ramesseïon de Médinet-Abou à Louqsor.

Les découvertes modernes de la géologie ont

renversé les fables des Égyptiens sur leur ancienneté, et vengé la Bible des attaques du siècle dernier. D'après les couches de limon déposées successivement par le Nil, on ne peut faire remonter à plus de cinq mille ans les premiers monuments de l'Égypte. Il est vrai qu'on croit à présent que les Égyptiens ne comptaient que par années de quatre mois, ce qui les disculperait de mensonge.

Sous le règne de Touthmès III, qui étendit les frontières de son royaume jusqu'au Tigre et à la Mésopotamie, dix-sept siècles avant notre ère, le cheval fut introduit en Égypte. Les guerriers, élite des oéris, montaient des chars de guerre, les oplites, ou fantassins, avaient une cuirasse et un bouclier et étaient armés de l'épée, de la hache et de la lance ; ils manœuvraient sur huit ou dix hommes de hauteur. Il y avait encore les soldats armés de frondes, de javelots, de flèches, et de faux, qui faisaient de grands ravages.

Lorsque Germanicus interrogea, à Thèbes, un prêtre de la ville sur le sens des hiéroglyphes, le prêtre les traduisit de cette façon : « Ramsès, à la tête d'une armée de sept cent mille hommes, a subjugué la Libye et l'Éthiopie, le pays des Perses et des Mèdes, la Bactriane et la Scythie ; il a soumis à son empire les contrées habitées par les Syriens et les Arméniens, la Cappadoce qui en est voisine, et toute l'Asie antérieure de la mer de Bithynie à celle de Lycie, etc. »

Une action d'éclat de Meïamoun, chantée par le poète épique de la cour Pen-ta-Our, est représentée deux fois au Ramesseïon, puis à Louqsor, à Ibsamboul, et à Beik-el-Oualli. Le poème fut gravé sur une des murailles de Karnah, aujourd'hui dégradée, mais il est en parti conservé dans le papyrus de Sallier, au musée britannique. Le sujet est la Bravoure de Ramsès, séparé de son armée et attaqué, probablement en Syrie, par deux mille cinq cents chars. Le vicomte Emmanuel de Rougé a publié cette traduction en 1856.

EXTRAITS DU PAPYRUS DE SALLIER.

« Le prince de Chéta vint avec ses archers et ses cavaliers bien armés ; un char portait trois hommes. Ils avaient rassemblé les guerriers les plus rapides de ces viles Chétas soigneusement armés.... et s'étaient placés en embuscade au nord-ouest de la ville d'Atesch. Ils attaquèrent les soldats du roi quand le Soleil, dieu des deux horizons, fut au milieu de sa course : ceux-ci étaient en marche et ne s'attendaient pas à une attaque. Les archers et les cavaliers de Sa Majesté faiblirent devant l'ennemi qui était maître d'Atesch, sur la rive gauche de l'Anrata.... Alors Sa Majesté à la vie saine et forte, se levant comme le dieu Month, prit la parure des combats; couvert de ses armes, il était semblable à Baal dans son heure.

« Les grands coursiers de Sa Majesté (puissance en Thébaïde était leur nom) sortaient des grandes écuries du Soleil, seigneur de justice, Ramsès-Meïamoun.

« Le roi, lançant son char, entra dans l'armée du misérable Chéta : il était seul, aucun autre avec lui. Cette charge, Sa Majesté la fit à la vue de toute sa suite. Il se trouva environné par deux mille cinq cents chars rapides, montés par les guerriers les plus braves du misérable Chéta et de ses nombreux alliés :

Aradus, *Mason*, *Patasa*, *Kaschkasch*, *Œlon*, *Gazouatan*, *Chirabe*, *Aktar*, *Atesch* et *Raka*. Chacun de leurs chars portait trois hommes..., et le roi n'avait avec lui ni ses princes, ni ses généraux, ni les capitaines des archers ou des chars.

« Voici ce que dit Sa Majesté à la vie saine et forte : — « Quel est donc le dessein de mon père Ammon ? Est-ce un père qui renierait son fils ? ou me suis-je fié sur mes propres pensées ? N'ai-je pas marché sur ta parole ? Ta bouche n'a-t-elle pas guidé mes expéditions, et tes conseils ne m'ont-ils pas dirigé ?...

« Ne t'ai-je pas célébré des fêtes éclatantes et nombreuses, et n'ai-je pas rempli ta maison de mon butin ? On te construit une demeure pour des myriades d'années... Le monde entier se réunit pour te consacrer ses offrandes. J'ai enrichi tes domaines, je t'ai immolé trente mille bœufs avec toutes les herbes odoriférantes et les meilleurs parfums.... Je t'ai construit sur le sable des temples en bloc de pierre ; et, amenant des obélisques d'Eléphantine, j'ai dressé pour toi des arbres éternels. Les grands vaisseaux voguent pour toi sur la mer, ils transportent vers toi les tribus des nations. Qui dira que pareille chose ait été faite une autre fois? Opprobre à qui résiste à tes desseins, bonheur à qui te comprend, ô Ammon!... Je t'invoque, ô mon père! je suis au milieu d'une foule de peuples inconnus et je suis seul devant toi; personne n'est avec moi. Mes archers et mes cavaliers m'ont abandonné quand je criais vers eux; aucun d'eux ne m'a écouté quand je les appelais à mon secours. Mais je préfère Ammon à des milliers d'archers, à des millions de cavaliers, à des myriades de jeunes héros réunis en phalanges. Les ruses des hommes ne sont rien, Ammon l'emportera sur eux. O Soleil! n'ai-je pas suivi l'ordre de ta bouche, et tes conseils ne m'ont-ils pas guidé? Ne t'ai-je pas rendu gloire jusqu'aux extrémités du monde?

« Ces paroles ont retenti dans Hermonthis; Phra vient à celui qui l'invoque; il lui prête sa main. Réjouis-toi... il vole à toi, il vole à toi, Ramsès Meïamoun! Il te dit : « Je suis près de toi, et je vaux mieux pour toi que des millions d'hommes réunis ensemble. C'est moi qui suis le seigneur des forces, aimant le courage; j'ai trouvé ton cœur ferme, et mon cœur s'est réjoui. »

« Lorsque mon écuyer vit que je restais entouré par des chars si nombreux, il faiblit et le cœur lui manqua ; une grande terreur pénétra dans tous ses membres. Il dit à Sa Majesté : « Mon bon maître, roi généreux, seul protecteur de l'Égypte au jour du combat, nous restons seuls au milieu des ennemis ; arrête-toi et sauvons le souffle de nos vies. Que pouvons-nous faire, ô Ramsès Meïamoun, mon bon maître ? »

« Voici que Sa Majesté répondit à son écuyer : « Courage, raffermis ton cœur, ô mon écuyer ! Je vais entrer au milieu d'eux, comme se précipite l'épervier divin ; renversés et massacrés, ils tomberont sur la poussière. Que pense donc ton cœur de ces aamons ? Ammon... ne serait pas un dieu, s'il ne glorifiait pas ma face devant leurs légions innombrables.

« Le roi pénétra dans l'armée de ces misérables Chétas ; six fois il entra au milieu d'eux...

« Je les poursuivais tel que Baal à l'heure de

son pouvoir, et je les massacrais sans qu'ils pussent échapper.

« Je me jetai sur eux, semblable au dieu Month; dans l'espace d'un instant ma main les massacra. Je massacrais parmi eux, j'égorgeais au milieu d'eux, et j'étais seul à crier; il n'y avait pas une seconde parole, aucun d'eux n'a élevé sa voix. Soutech, le grand belliqueux, Baal était dans tous mes membres..... Chacun de mes ennemis sentait sa main sans force contre la mienne; ils ne savaient plus tenir l'arc ou le javelot..... »

« Le roi, ralliant autour de lui les généraux et les cavaliers de sa suite, leur dit : « Vos compagnons n'ont pas satisfait mon cœur; est-il un seul d'entre eux qui ait bien mérité de mon pays? Si votre seigneur ne s'était pas levé, vous étiez tous perdus. Chaque jour..... je transmets aux fils les honneurs de leurs pères, et s'il arrive quelque malheur à l'Égypte, vous abandonnez vos devoirs... A toute plainte qui s'adresse à moi je fais moi-même justice chaque jour. Et vous, qu'avez-vous fait, ô mes guerriers!... Vous êtes restés dans vos tentes et dans vos camps fortifiés, vous n'avez donné aucun avis à mon armée.

« Je vous ai recommandé à chacun dans son poste d'observer le jour et l'heure du combat, et voilà que tous ensemble vous avez mal agi : pas un ne s'est levé et ne m'a aidé de sa main..... Pendant qu'en ce jour heureux, on célèbre des sacrifices en Thébaïde dans la ville d'Ammon, une faute énorme est commise par mes soldats et mes cavaliers ; elle est plus grande qu'on ne peut le dire, car, si j'ai montré ma valeur, ni les archers, ni les cavaliers ne sont venus avec moi. Le monde entier a donné passage aux efforts de mes bras ; et j'étais seul, aucun autre avec moi. C'est là ce que j'ai fait, en vérité, à la face de mon armée. » Lorsque les archers et les cavaliers arrivèrent l'un après l'autre de leur camp, vers l'heure du soir, ils trouvèrent toute la région où ils marchaient couverte de cadavres baignés dans leur sang : tous bons guerriers du pays de Chéta, champions valeureux de leur prince. Lorsque le jour éclaira la terre d'Atesch, le pied ne pouvait trouver sa place tant les morts étaient nombreux. L'armée vint alors glorifier les noms du roi.... « Bon combattant au cœur inébranlable, tu fais l'œuvre de tes archers et de ta cavalerie. Fils du dieu Toum, formé de sa propre substance, tu as effacé le pays de Chéta avec ton glaive victorieux. C'est toi, ô bon guerrier, qui es le seigneur des forces; il n'est pas de roi semblable à toi, qui combatte pour ses soldats au jour de la bataille. C'est toi, roi au grand cœur, qui es le premier dans la mêlée; c'est toi qui es le plus grand des braves devant ton armée, à la face du monde entier soulevé contre toi; c'est toi qui gouvernes l'Égypte et châties les barbares.... »

« Cependant, le lendemain, aussitôt que la terre s'éclaira, Ramsès fit recommencer la bataille, et s'élança au combat comme un taureau qui se précipite sur des oies..... Les braves à leur tour entrèrent dans la mêlée, comme l'épervier qui fond sur sa proie..... Et le roi lançait des flammes à la face de ses ennemis, semblable au soleil lorsqu'il paraît au matin, dardant ses feux sur les impies..... Le grand lion qui marchait auprès de ses chevaux combattait avec lui; la fureur enflammait tous ses membres, et quiconque s'approchait tombait renversé ; le roi s'emparait d'eux ou les tuait sans qu'on pût échapper. Taillés en pièces devant ses cavales, leurs cadavres étendus ne formaient qu'un seul monceau de débris sanglants. »

« Chétasar se tourna les mains tendues vers le soleil gracieux..... Il envoya invoquer le grand nom de Sa Majesté : C'est toi qui es le soleil, le dieu des horizons ! C'est toi qui es Soutech le grand vainqueur, le fils du Ciel ; Baal est dans tous tes membres. La terreur est sur le pays de Chéta, en sorte que tes pieds sont sur ses reins pour toujours.

« On annonça qu'un envoyé se présentait, tenant un écrit adressé au grand nom de Sa Majesté... Puisse cet écrit satisfaire le cœur du dieu Soleil, taureau puissant aimant la justice, roi suprême qui dirige lui-même ses soldats, le glaive redoutable, le rempart de son armée au jour de la bataille, le roi de la Haute et Basse-Égypte, à la grande vaillance, à l'immense ardeur ; le Soleil, seigneur de justice, l'élu du dieu Phra, le fils du Soleil.....

« L'esclave dit, en s'adressant à Sa Majesté Ramsès Meïamoun : Mon bon maître, fils du

Soleil, puisqu'Ammon t'a tiré de ses flancs et donné tous les pays réunis ensemble, que l'Égypte et le peuple de Chéta soient esclaves sous tes pieds : Phra t'a accordé leur domination..... tu peux massacrer les esclaves; ils sont en ton pouvoir; aucun d'eux ne résistera. Tu es venu hier et tu en as tué un nombre infini; tu viens aujourd'hui, ne continue pas le massacre... Nous sommes couchés par terre, prêts à exécuter tes ordres; ô roi vaillant! honneur des guerriers, accorde-nous le souffle de la vie.....

« Alors Sa Majesté fit venir les chefs de l'armée et les fit rassembler pour qu'ils entendissent le message.

« Ils dirent à Sa Majesté : Il a bien agi, il jette son cœur devant le roi suprême, son seigneur; il ne fait pas de conditions...., il t'adore pour apaiser ta colère. Le roi écouta leurs paroles et dit :

« Livrez-vous à la joie, ô mes compagnons; qu'elle s'élève jusqu'au ciel.

« Nous avons triomphé des étrangers par la force; nous les avons abordés comme des lions et poursuivis comme des éperviers. Nous avons franchi leurs fleuves, incendié leurs forteresses, anéanti leurs âmes criminelles. La terreur de mon nom a plané sur eux et leurs cœurs en ont été remplis.

« Réjouissez-vous, ô mes guerriers !

« J'ai combattu toutes les parties de la terre. Ammon-Râ était à ma gauche et à ma droite ; son esprit a inspiré le mien et a préparé la ruine de nos ennemis. Ammon-Râ, mon père, a humilié le monde entier sous mes pieds, et je suis sur le trône à toujours. »

La nation égyptienne était profondément religieuse : jamais nation n'a été durable ni grande sans des sentiments enracinés de religion ; c'est une observation digne de remarque au temps où nous sommes. L'anéantissement des empires a suivi de près la décadence du culte. Si un rayon égaré de l'éternelle vérité a produit des fruits de gloire, de stabilité et de sagesse, que ne produit pas la vérité elle-même !

Le grand-prêtre de Thèbes dit à Sésostris,

au nom d'Ammon-Râ : « Que ton retour soit joyeux ! tu as poursuivi, dispersé les barbares ; tu as brisé leurs arcs et triomphé de leurs chefs. Le monde t'a vu, à mes commandements, percer le cœur des nations maudites et rendre libre le souffle de ceux qui te suivaient sous mes enseignes sacrées ; et le monde s'est arrêté devant toi !...

« Ma bouche t'approuve. Ainsi, dit en terminant le barde Pen-ta-Our, ainsi le fils du Soleil Ramsès, ami d'Ammon, s'assit sur son trône comme le soleil, à toujours, toutes les contrées de la terre lui étant soumises. »

Moïse fut élevé par la fille de Sésostris.

Qui pourra peindre la Thèbe de Meïamoun, sa gloire, les chants de victoire retentissant sous la mâle grandeur de ses pylônes, les tributs de poudre d'or, d'ivoire, de plumes d'autruche, d'émeraudes, apportés par les cent peuples vaincus ; les pompes de la salle hypostyle ; la foi, la gravité, le respect de l'Égyptien pour cette nuit antique du passé illuminé d'étoiles resplendissantes, pour ce présent où règnent les héros et les sages ! Non, non, nulle voix ne saurait le dire !

Dendérah, jeudi 25 février 1864.

La chaleur était si grande à Thèbes qu'il nous fallait gagner les monuments avant que le soleil eût toute sa force; traverser la vallée de onze heures à midi accablait.

Nous avons débarqué ce matin à huit heures sur la rive arabique pour aller à Dendérah, village bâti près des ruines célèbres de Tentyris, où nous prîmes des ânes qui volaient si bien que *** s'est trouvée tout à coup et contre sa volonté très-gracieusement et même majestueusement à terre sans mal, ni douleur, ni honte de ce faux pas. Elle tomba au pied d'un pylône élevé, une sorte d'arc de triomphe.

L'air était excellent, les blés avaient des épis. Des Égyptiens nous cueillirent des fèves de marais et s'étonnèrent de ne pas nous les voir manger crues comme ils le font.

Les monts de l'Arabie se baignent dans une vapeur azurée; les bois de palmiers élèvent leurs têtes charmantes sous un ciel incomparable; tout est vert, mais le soleil de midi a des rayons transperçants.

Le temple de Tentyris, appelé souvent Dendérah, rendu célèbre à cause du zodiaque sculpté au plafond qui fit faire tant de conjectures impies sur sa date, est un des mieux conservés de l'Égypte, mais il ne remonte qu'au temps des Ptolémées et de Néron. On y voit le portrait aux traits fins de la belle Cléopâtre. Les colonnes sont étranges, leurs massifs chapiteaux sont formés de figures colossales d'Isis.

Depuis que les hiéroglyphes ont révélé la date relativement moderne du temple tant vanté et admiré au commencement de ce siècle, et donné raison à la Bible, chacun crie à la décadence de l'art. Je me garderai bien de ne pas hurler avec les loups. Certes, toutes ces figures et ces corps emprisonnés comme des momies dans la raideur des lignes égyptiennes par des artistes grecs, ne valent point les ouvrages d'il y a trois mille trois cents ans ! Mais l'ensemble de l'édifice a beaucoup de grandeur. Le portique, ouvrage de Tibère, est soutenu par vingt-quatre colonnes en quatre rangées. Le plafond représente le célèbre zodiaque. Les trois salles qui viennent ensuite ont une grande noblesse.

Un petit planisphère, maintenant à Paris, a été pris dans une chambre latérale. La longueur du temple est de quatre-vingt-un mètres, et sa largeur est de trente-quatre. Le portique, qui donne à l'édifice la forme d'un T, est de quarante-trois mètres sur dix-huit d'élévation intérieure. Un dromos conduisait au pylône où sont gravés les noms de Domitien et de Trajan.

Plus loin, on voit encore avec intérêt le petit temple d'Isis, le typhonium, les immenses enceintes de briques crues, le portail en pierre où est écrit le nom d'Antonin.

On lit dans les auteurs du XVIIe siècle que le temple de Tentyris avait autant de fenêtres que l'année a de jours; « elles étaient percées de manière à ce que chacune répondît à un degré de l'un des signes du zodiaque, et que l'intérieur reçût successivement les rayons du soleil chaque jour de l'année par une fenêtre différente. » Je le regrette, mais il paraît que c'est un conte.

Dupuis et son école, qui n'avaient point déchiffré les hiéroglyphes, s'émurent de ce que les deux zodiaques de Dendérah commencent par le signe du lion. Ils supposèrent qu'ils avaient été construits à une époque où le lever du soleil, le premier jour de l'année égyptienne, correspondait au point du ciel où se trouvait alors le signe du *lion*, ce qui donnait aux zodiaques une antiquité de quatorze mille ans !...

O que bénie soit la bonne foi du charbonnier ! Qu'elle est réellement savante, elle qui nous fait dire tout d'abord : « *Cela ne peut être, c'est contraire à la Bible.* »

Je prends note ici que le globe ailé, qu'on voit presque toujours sur les portes des temples, est l'emblème du dieu Cneph, l'âme universelle.

Kénèh, l'ancienne Cœnopolis, est de l'autre côté du Nil, en face de Dendérah. On n'y voit pas de ruines. Elle est devenue l'entrepôt important du commerce de la Haute-Egypte et de l'Arabie par Kocéir. Elle fabrique les vases poreux appelés *bardach.* L'île des Palmiers (Tabenné), à une lieue environ au nord de Kénèh, est célèbre par le monastère qu'y fonda saint Pacôme l'an 356.

Quand nous sommes revenus à la cange,

nous avons vu deux aigles qui se battaient sur une carcasse flottante. Des oiseaux aquatiques les suivaient à la nage, et assistaient au combat. Le triomphateur a jeté son ennemi dans l'eau, et a continué de descendre le fleuve fièrement debout sur sa bête morte. J'ai envoyé ma petite barque chercher le vaincu qui n'a pu s'envoler à cause de ses ailes mouillées. Il est beau et terrible à voir.

Nous avons toujours Pharaon qui fait nos délices, sa peau est bleu de ciel.

Grâce à ma pommade camphrée, les brûlures de Joseph Moussalli vont mieux. C'est un brave garçon très-intelligent. Il a sa poésie à lui. Il guérit ses maux de tête en sentant un oignon, comme on respire le parfum d'une rose.... Il est vrai que c'est un oignon d'Égypte.

On peut aller, en trois jours, de Farchout à la grande oasis, si célèbre par son temple d'Ammon dont on voit les ruines. Nestorius y fut exilé en 435.

Il y aura deux mois dans deux jours que je vous ai quittés, — cela m'a paru l'éternité. — Et voir tant de choses belles et surprenantes sans vous !... Voilà l'aspic piquant au cœur.

Sur le Nil, vendredi 26 février 1864.

Nous revenons des ruines d'Abydos. La lune ne s'était point levée encore; le ciel brillait d'étoiles, — étoiles qui brillent aussi sur la belle France, et que vous regardez peut-être !....

Je descendis de mon âne et je marchai, rêvant, au milieu de champs touffus et de beaux épis. Des gardes postés sur des monticules de terre, ayant pour arme un long bâton, veillent sur les champs. C'était l'heure de la rentrée des troupeaux. Un grand chameau courait au galop vers son écurie. Il était sans *air ni grâce*, comme nous disons en Belgique. Des chamelles marchaient gravement, leurs petits à côté d'elles, et ceux-ci déjà si bossus et si tortus que leurs petits personnages étaient fort ridicules et amusants. Des moutons coiffés de touffes de laine frisées comme des papillotes, des chèvres à oreilles plates et pendantes, des buffles, des ânes, des oies, des vaches retournaient à leurs étables de terre crue. Il n'y a pas de chemin ; on marche au hasard, mais il y a un télégraphe.

Moussalli me força de remonter sur mon âne, sous prétexte que les serpents sortaient des blés et couraient les grandes routes. — « Mais il n'y a pas de routes. »

C'est égal, il fallut regrimper sur ce baudet qui dansait une sorte de menuet et faisait la révérence à chaque pas. Il finit par se prosterner avec moi dans un fossé.

Nos âniers chantaient une sorte de complainte d'un ton plaintif et somnolent. Le drogman me dit qu'ils chantaient la douleur des grands voyages, qui amènent les longues séparations. Tout mon cœur fut remué.....

La nuit vint sombre et profonde. Les gardes du gouvernement nous apportèrent une lanterne et nous accompagnèrent. Ils avaient de grands manteaux bruns et de longs bâtons ; étrange escorte de figures noires, mais douces et bienveillantes. Au loin et près de nous, les chiens et les chacals hurlaient.

Joseph Moussalli est certainement un drogman parfait, mais un pauvre antiquaire. Aujourd'hui, le voyant bâiller outre mesure dans le beau temple de Sétis, nous lui demandâmes s'il s'amusait :

« — Je me soucie de cela, répondit-il, comme d'un morceau de sucre. »

Les Orientaux ne font pas un grand cas du sucre, et méprisent tout à fait celui qu'on prend avec le café.

Les monts de l'Arabie s'élèvent ici au bord même du Nil, qu'ils dominent comme une falaise. Abydos est au pied des montagnes libyques, c'est un des sites les plus intéressants de l'Égypte. Les ruines ont plus d'une lieue d'étendue; des ouvriers déblaient le temple de Sétis (1464 av. J.-C.). Les stucs, d'une grande finesse, ont l'air peints d'hier ; les sculptures, faites avec fermeté et une certaine largeur, semblent promettre à l'art égyptien une perfection qu'il n'a jamais atteinte : au contraire, il s'est comprimé de plus en plus dans la raideur de ses lignes, comme les momies dans leurs bandelettes.

J'ai tout admiré à Abydos : les pilastres peints et sculptés de l'entrée, les lourdes et majestueuses colonnes du temple, la noblesse des personnages, la grâce des fleurs de lotus mises en bouquets dans des corbeilles charmantes, les siéges d'un style excellent où sont assis les dieux à tête d'épervier ou à long bec d'ibis et à face de bélier. Quatre chambres dégagées où j'ai pu pénétrer ont des plafonds en voûtes arrondies creusées dans la pierre, sans doute, par quelque génie, car c'est merveilleux. Ces plafonds eux-mêmes sont peints et sculptés d'une manière remarquable ; de grandes étoiles d'or brillent sur l'azur entre des cartouches à hiéroglyphes ; les parois des murs sont peintes de beaux tableaux. Une chambre représente cinquante-deux personnes prosternées aux pieds de Pharaon. Il semble qu'on va toucher et prendre les bijoux et les étoffes, tant les couleurs sont vives.

J'aurais voulu rester là et assister aux fouilles qu'on faisait. Quel plaisir de voir reparaître à la lumière tant de disques solaires, tant de fleurs de lotus, tant de vaches divines, tant de dieux grenouilles, éperviers, crocodiles, béliers, scarabées, lions, vautours, hérons! Dans le temple d'Osiris qui est très-dégradé, les Anglais enlevèrent en 1818 la célèbre généalogie de Sésostris, connue sous le nom de table d'Abydos.

Girgèh, à quatre lieues d'Abydos et l'une des villes les plus importantes de la Thébaïde jadis, n'est plus qu'un chétif chef-lieu de province. Il y a en dehors de la ville un couvent de franciscains de Jérusalem.

Sur le Nil, dimanche 29 février 1864.

Moussalli m'a tué hier un petit échassier qui a des ailes grises, noires et blanches. Il y a beaucoup moins d'oiseaux aquatiques qu'au moment où nous remontions le Nil.

Sur le Nil, mercredi 2 mars 1864.

Que de ruines et de lieux célèbres nous ne verrons pas! Dans la Thébaïde : Apollinos Parva, Coptos, Diospolis Parva, Panopolis, et plus au nord Manfalout, Antinoë que l'empereur Adrien fit bâtir sur le bord du fleuve, à l'endroit où Antinoüs, son favori, s'était noyé en voulant le sauver; Hermopolis Magna, Arsinoë, etc., etc.

Nous avons repassé hier à Syout, et plus tard non loin de *Maabdèh*, où est située la grotte curieuse et immense des crocodiles. Des milliers de crocodiles de toute grandeur, embaumés et enveloppés avec soin de bandelettes, les petits par paquets de vingt-cinq, y sont déposés. On y voit des crocodiles qui ont jusqu'à sept mètres de long.

Cette course assez dangereuse demandait huit heures. Nous ne l'avons pas faite, moi en partie à cause des grandes chauves-souris qui remplissent les cavernes, et des nombreux passages où il faut ramper; cette manière de marcher des vers de terre me fait horreur.

Un voyageur a mis le feu aux grottes par accident, il y a quelques années. Le feu dura trois ans, dit-on. On voit encore dans un angle l'infortuné et deux Arabes qui l'accompagnaient, tous les trois calcinés.

Le crocodile est toujours le dieu du Nil, on en raconte mille légendes. La chasse à la flèche qu'on lui fait est curieuse; on ne peut le tuer qu'au défaut de l'épaule, et les Arabes, prétendent qu'ils lui crient : « Lève ton bras, crocodile, » et que la divinité débonnaire obéit ; quand elle a le bras levé on la tue. Le Nil en renferme beaucoup, dit-on, vers les cataractes ; nous n'en n'avons vu qu'un seul et prisonnier. Je regrette de ne l'avoir pas acheté; je regrette surtout que mes gens n'aient point l'amour des ménageries, on peut s'en former ici facilement : un chacal, un aigle, un crocodile, feraient mon affaire. A Philée deux lionceaux étaient à vendre pour quarante guinées. Je n'ai qu'un aigle et un singe. Il faut tenir compagnie à celui-ci et l'endormir comme un enfant avant de le mettre coucher. Il s'asseoit sur les pots de confitures et plonge ses pattes dedans ; il les suce en vous sautant au cou. Vous l'aimerez.

Le soir.

Le sort en était jeté, je ne devais pas voir Tell-el-Amarna, ni ses grottes peintes, ni sa reine d'un style si pur assise une coupe à la main. Nous avons laissé la cange aux prises avec son éternel vent contraire, et nous sommes descendus dans la barque avec le drogman, son turban aux riches couleurs en tête, et vêtu de sa ceinture de cachemire, de son pantalon à plis fait comme un vaste sac, de sa jolie veste brodée, et deux rameurs, fellâhs en longues tuniques bleues. Nous avons croisé des barques nombreuses, des bateaux à vapeur et une cange magnifique blanche et dorée aux couleurs de l'Angleterre, comme toutes les canges, à bien peu d'exceptions près. Nous avons passé auprès d'impudents vautours attachés à leur proie, et que nous ne faisions pas envoler, d'oies sauvages et de jolis échassiers. Nous avons vu les montagnes resplendir de soleil ! Nous ramions nous-mêmes. Mademoiselle de R. a chanté les litanies de la sainte Vierge et des cantiques. Nous avons eu de la joie et de la peur, parce que notre barque a donné dans un banc de sable. Au bout de trois heures nous sommes arrivés. L'air embaumait, les prés étaient fleuris, et la végétation avait le luxe et la verdure de celle de la Belgique. Il fallut traverser un bras du Nil. Un âne se trouva là.

La population de Tell-el-Amarna, très-belle,

très-grande, très-nue, au moins les petites filles, très-aveugle ou borgne comme presque tous les Égyptiens, nous entoura. Le jeune cheik, un très-beau borgne, déclara qu'il nous faudrait dix hommes pour nous conduire aux grottes, que nous n'y arriverions que la nuit, et qu'il y avait péril à cause des Bédouins. *Comme de raison*, il me prit une envie démesurée d'y aller, mais le beau borgne parla d'une telle façon que la terreur se mit dans ma bande, et que personne ne voulut plus voir les grottes, — de si belles grottes !

En revenant au Nil, Moussalli mit du sable sur ses brûlures et marcha dans les herbes humides ; c'est avec l'oignon sa manière de guérir ses maux. Le soleil se couchait dans des flots de pourpre. Nous retrouvâmes la cange à l'endroit où nous l'avions laissée.

Nous sommes en vue de Béni-Hassan.

Jeudi 3 mars 1864.

Une cange marche de concert avec nous ; elle fait voguer sur le Nil et sur le fleuve du Tendre de nouveaux mariés, qui n'ont pas même le temps de nous saluer quand nous nous rencontrons. L'époux a des bas violets. Ce sont des Anglais. Je les ai vus assis et immobiles à Philée, au haut d'une tour en ruines.

Je suis allée ce matin à Béni-Hassan sans crinoline. Mon ministre des finances, mon maître des cérémonies, madame Waudru, en un mot, qui aime l'étiquette et la franchise qu'on trouve rarement dans les cours, m'a assuré que j'étais une *caricature*. C'est bien plus commode pour monter à âne, mais cela l'est très-peu pour marcher.

Béni-Hassan a la triste majesté de la vallée des tombeaux de Thèbes. Un chemin de la largeur d'un vaste fleuve serpente entre deux montagnes. Des Bédouins y avaient dressé leurs tentes de poil de chèvre. Ils nous reçurent avec bienveillance. Les femmes, voilées jusqu'aux yeux comme au Caire, portaient la large chemise bleue entr'ouverte. L'une d'elles faisait du beurre. Le lait était enfermé dans une outre de peau de chevreau suspendue par des cordes à des bâtons mis en faisceau; elle balançait l'outre en lui donnant certaines secousses. Il faut trois heures pour que le beurre soit fait. Autour des tentes il y avait des chiens, des ânes, un chameau, des galettes cuisant sur des bâtons allumés, des enfants nus, un air d'affreuse misère et de malpropreté, de jolis yeux peints. Dans la Thébaïde, que j'ai quittée aujourd'hui pour entrer dans l'Egypte moyenne, beaucoup de femmes se peignent aussi les lèvres en bleu; aucune beauté ne pourrait résister à cet outrage. Les plus pauvres sont chargées de bijoux, de bracelets d'argent, de colliers en verroterie.

Nous sommes montés au spéos d'Antémidos, temple de Diane en réalité consacré à Pacht ou Bubastis, une des formes de la déesse lunaire. Il est taillé dans le roc et précédé d'un portique dont les colonnes carrées sont en partie détruites. La fumée faite par les Bédouins a fort altéré les peintures. Autour sont les hypogées des chats, animaux consacrés à Pacht. Des puits profonds creusés dans la pierre contiennent des millions de leurs précieuses momies. Le chat était un oracle : ses miaulements, ses chatteries, sa patte de velours servaient aux augures à tirer des pronostics, et les prêtres de Pacht les premiers ont reconnu un signe de pluie à la manière dont les chats passent les pattes derrière leurs oreilles.

Nous avons quitté la cime de la montagne pour reprendre nos ânes, et aller aux grottes de Béni-Hassan. J'ai traversé la ville devenue déserte par la justice radicale d'Ibrahim, qui en a chassé à jamais les habitants voleurs et révoltés.

Sur le sommet d'une montagne calcaire, médiocrement élevée, sont alignées, comme les fenêtres d'une rue, les tombes presqu'aussi célèbres que celles de Thèbes, et dont quelques-unes les surpassent en antiquité. Leur entrée est souvent précédée d'un portique à colonnes doriques, ce qui fait faire aux savants bien des dissertations sur le dorique des Grecs ; le dorique viendrait-il des Égyptiens ? Ces deux peuples l'ont-ils trouvé et inventé ?

Quel album d'incomparables aquarelles il y aurait à faire ici, et dans toute l'Égypte ! — Que n'ai-je amené avec moi un artiste. —L'un des tombeaux a un joli portique soutenu de colonnes doriques ; il domine le Nil, la riante vallée, les monts de l'Arabie, le désert. Le ciel était d'un bleu pâle moutonné de nuages blancs comme ceux de la patrie; j'ai soupiré. La salle, vide de ses colonnes, repose son plafond en voûte sur deux sommiers de pierre. Le plafond est orné avec un goût charmant d'étoiles à quatre rayons, tandis que celles de Thèbes en ont cinq ; ces étoiles sont enfermées dans des carrés de diverses couleurs. La niche du fond est vide. Des puits profonds, d'où les momies ont été arrachées, sont béants sur les côtés. Les peintures ravissent ; un arbre au feuillage délicat du mimosa et rempli d'oiseaux fait le plus joli tableau ; j'ai reconnu la huppe. On voit une colonie d'étrangers vêtus magnifiquement et accompagnés d'ânes chargés de trésors, des scènes religieuses et intimes, etc.

Un nain, pas trop hideux, entra derrière nous. Il a marché sur sa tête et ri aux éclats. Je lui ai demandé son âge :

— « Je suis né quand on a commencé à compter les années du monde, m'a-t-il répondu. »

Cette pompe orientale a paru très-claire à Moussalli qui a prétendu que cela voulait dire vingt-cinq ans, ou le moment où l'on a fait des registres de naissance en Égypte.

Dans d'autres salles élevées et belles, tantôt soutenues par six colonnes égyptiennes, tantôt par des colonnes doriques, toutes les peintures ont été abîmées et ont disparu. Dans la dernière le sanctuaire renferme trois statues mutilées, et les parois sont couvertes de peintures fines et éclatantes comme au premier jour. L'ensemble des salles initie à la page la plus curieuse et la plus intéressante des usages de la vie d'il y a quatre mille ans. Il faudrait des volumes pour tout décrire, presque tout s'y trouve : la cuisine, la dinde, j'allais dire truffée, les poissons, les viandes, les fruits, les fleurs qui ornent, les invités arrivant dans une sorte de chaise à porteurs, les danses, la musique, les chanteurs, les jeux des acrobates qui m'ont rappelé ceux de nos jours pour les poses, les chasseurs qui poursuivent à coups de flèche les panthères et les gazelles, les oiseaux pris au lacet. J'y ai vu le plus joli filet rempli d'oiseaux, qui m'a rappelé la chasse aux alouettes de Nouvelles; des chiens, dont on compte quatorze espèces différentes; un pacifique Égyptien qui pêche à la ligne ; d'autres qui harponnent de gros poissons, etc.

Des barques sillonnent le fleuve ; elles ont des voiles carrées et souvent des cabines élégantes. Des militaires font l'exercice ; on voit les engins de guerre, le bélier, la tortue, etc.

Voici les orfèvres qui travaillent les émaux cloisonnés et qui emploient des couleurs inaltérables, telles que le bleu de cobalt ; ils font aussi ces inimitables colliers, désespoir des ciseleurs modernes. Les verriers imitaient le spath-fluor.

Un Pharaon philosophe fit couler son colosse en verre. Des coupes en cristal rouge, des plateaux en verre blanc, des vases élégants, toutes sortes d'ustensiles sont peints sur les parois des murs, ainsi que des ânes, des bœufs, des chevaux laboureurs, cinq espèces de charrues ; des moutons piétinent les grains pour enfoncer la semence ; la faucille coupe les épis ; des paniers chargés de grappes se vident dans le pressoir ; les porteurs d'eau ont leurs seaux attachés comme à Paris. Dans tout cela il y a peu de femmes, et le peu est peu vêtu. L'une, la reine peut-être, tient un bouquet de lotus ; cette fleur aimée des dieux est peinte partout.

Sur le Nil, vendredi 4 mars 1864.

Nous sommes descendues dans la barque, et nous avons ramé nous-mêmes très-joliment. De grands vautours dévoraient un mort, un bœuf sans doute. Nos hommes ont aidé la cange blanche et or du mylord anglais à sortir d'un banc de sable où elle avait donné. A présent nous allons de compagnie au Caire avec trois canges au pavillon anglais.

Ce matin le drogman avait accordé deux heures de congé à l'équipage ; les hommes ont pris trois heures. Quand ils sont rentrés, le cuisinier, auquel Moussalli, vu sa brûlure à la main, avait passé ses droits, en a frappé trois avec un nerf d'hippopotame. Je ne puis exprimer l'effet que cela m'a fait. J'en ai été profondément dégoûtée et révoltée, surtout quand cet ignoble châtiment est tombé sur le pilote, qui est un homme d'une quarantaine d'années, très-silencieux et à son poste d'ordinaire nuit et jour.

L'aigle vient de s'envoler ; il a rompu sa corde et il est parti avec calme, volant lentement et majestueusement, comme il convient au roi des airs qui ignore la peur. Un matelot s'est jeté à la nage, s'aidant d'une perche pour rompre le courant ; mais au moment d'être atteint, l'aigle a plané et a disparu, sa corde aux pattes.

Zéphyr va comme un limaçon. Le vent est toujours contraire ; quand il est bon, il est trop fort et c'est la tempête. Cela n'empêche que la vie de la cange ne soit une des plus poétiques et des plus ravissantes qu'on puisse mener.

Sur le Nil, samedi 5 mars 1864.

Grand vent contraire ; nous faisons un kilomètre par jour.

Dimanche 6 mars 1864.

Le Nil a des vagues comme la mer. Vent contraire.

Lundi matin 7 mars 1864.

Le Nil est en fureur. Nous avons un mouvement de roulis comme sur mer ; impossible d'avancer.

Je ne sais si le lotus existe encore. Les savants ne sont pas d'accord sur ce point. Le lotus ou lotos d'après les peintures est une sorte de nénuphar ; il croissait dans le Nil et le Gange. Les Egyptiens l'avaient consacré au soleil, parce que sa fleur flotte sur les eaux au lever de cet astre, et disparaît avec lui.

Quant au *papyrus*, les savantes opinions sont encore plus tumultueuses et plus diverses. Je pense que c'était un roseau qui ne croissait originairement qu'en Egypte. On prétend qu'on en voit encore en Abyssinie, en Syrie et dans les environs de Syracuse. Sa tige s'élevait à dix coudées et se terminait en pointe. Ses feuilles s'appellent *charta.* Elles étaient tirées de la tige qu'on séparait en lames fort minces et qu'on joignait ensemble en les humectant de colle ; on les mettait en presse, puis on les séchait au soleil. On s'en servait en Egypte, à Rome, dans le monde entier. Saint Jérôme nous apprend que de son temps on se servait du papier d'Egypte. Il tomba en désuétude dans le XIe siècle. Le papyrus servait encore à divers usages, entre autres, à faire des barques enduites ensuite de goudron.

Le Nil a d'excellents poissons ; l'un a une forme fort extraordinaire. Je n'en sais pas le nom.

Sur le Nil, mardi 8 mars 1864.
Devant Memphis.

Quand je pense que je suis une personne qui a passé sa journée à Memphis !.......

Memphis *la belle* et *la vieille* ! deux épithètes qu'à tort on accolle rarement ensemble, car rien n'est plus beau qu'un visage où se lit une longue suite d'années et de vertus.

Ménès, il y a cinq mille ans, détourna le Nil et construisit Memphis, que Thèbes, dans toute sa gloire, n'égala jamais.

J'aurais pu en voir la splendeur, ou au moins le crépuscule, si seulement j'étais née au XIIe siècle. Les voyageurs de cette époque éprouvent pour Memphis l'admiration que Thèbes m'a donnée.

Hélas ! que reste-t-il de cette Memphis qui avait plus de dix lieues de tour ? Une plaine immense, un désert mamelonné par des ruines enfoncées sous le sable ou couvertes par un bois de palmiers rempli de sangliers.

Le vent, plus que jamais contraire, nous a au moins préservés d'une trop grande chaleur. A dix heures du matin nous nous engageâmes sous les beaux palmiers de Sakkarah et dans des champs verts, parfumés, émaillés de fleurs jaunes et de la fleur du lin douce et modeste.

Les pyramides de Sakkarah ne m'ont pas fait un prodigieux effet, bien que la grande mesure cent vingt mètres sur deux de ses faces, et cent sept sur les deux autres. Ce sont les plus belles après celles de Giseh. On s'est ingénié, comme je l'ai déjà écrit, à trouver le but des pyramides. Il a paru par trop colossal qu'un homme dépensât la richesse et la vie de son peuple à s'élever un tombeau ! Bien des suppositions ont été faites, même de plaisantes, telles que celle d'un médecin français qui prétend que les pyramides étaient les palais d'été des Pharaons.

Nous traversâmes la plaine des momies entourée de souterrains et de grottes creusées dans toutes les directions. Une prédiction égyptienne annonçait qu'au bout de trois mille ans les momies reverraient le soleil. Hélas ! de quelle manière elle s'accomplit ! Les momies ont été arrachées de leurs hypogées, fouillées, vendues, pulvérisées, jetées. Souvent en marchant on s'arrête, les pieds enlacés dans un obstacle ; c'est qu'on a passé au travers d'un corps momifié.

On composait au XVIe siècle avec les momies une poudre merveilleuse qui guérissait tous les maux et qui s'appelait *mumie*. Les sommeliers de François Ier portaient toujours avec eux « de la *mumie ainsi que de la rhubarbe.* » Il y eut un temps où tout le monde voulait avoir une momie. L'ardeur des fouilles s'est ralentie à Memphis, depuis que la supériorité de l'embaumement de Thèbes a été reconnue.

J'ai vu couchée sur le côté dans un fossé la statue mutilée de Sésostris, de la hauteur d'un grand arbre. La figure, qui est sans nul doute son portrait, est d'une rare beauté. Nous avons marché longtemps dans cette cendre de Memphis, terrible *memento* du néant des empires, pour arriver au *Sérapeum* que M. Mariette a déblayé après huit mois de travaux en 1850, et qui est déjà recouvert de nouveau en partie par le sable. De l'allée des cent quarante et un sphinx, je n'ai plus aperçu que la tête de deux ou trois ; la mer de sable a englouti le reste. Nous sommes entrés, par une tranchée profonde, dans un souterrain qui contient vingt-quatre sarcophages en granit de Syène, de quatre mètres de hauteur, de cinq mètres de long et de plus de trois mètres de large. Ces monolithes, qui pèsent cent mille kilogrammes, étaient les tombes des bœufs Apis. Leurs hiéroglyphes sculptés autour ont une remarquable perfection. Ces souterrains sont en voûte ; plusieurs revêtements de pierres blanches ont l'air posés d'hier.

Plus loin on voit des chambres charmantes, on dirait d'un boudoir Pompadour d'il y a cinq mille ans. Les colonnes et les dessus de portes sont roses ; tout est fait avec une délicatesse exquise ou talent : les vases de toutes formes, les corbeilles de fruits, les moissonneurs, les panetiers, les chasseurs de crocodiles et d'hippopotames, etc.

Nous sommes allées nous asseoir sous un auvent de joncs et de troncs d'arbres. Cette chaumière, qui appartient à M. Mariette, sent l'homme de goût plus que le ministre du moderne Pharaon.

Sur le Nil, mercredi 9 mars 1864.

Nous arrivons ; le drogman est descendu à Fostât et est allé à la poste. O mon cœur, que devenir s'il n'y a *rien!* J'ai rêvé de lettres toute la nuit ; les enveloppes étaient vides.

Hier, à Memphis, j'ai voulu pénétrer jusqu'au dernier recoin de la nécropole des ibis. Ces dieux au long cou emmanché d'un long bec étaient précieusement scellés dans des vases de terre rouge, et enterrés dans des puits qui ont jusqu'à vingt-deux mètres de profondeur.

Nous nous sommes assis dans un sombre hypogée, nos bougies éclairaient la scène, tandis que nous défaisions une momie. Je fis sortir de sa nuit un dieu ibis, scellé dans son urne depuis quatre ou cinq mille ans; il était bandelé et ficelé de la belle façon, un adorateur fervent seul put le faire. La toile, fine et parfaitement conservée, avait cinquante centimètres peut-être. Après avoir déroulé de mes propres mains je ne sais combien de cordons, de ficelles, de bandelettes, je suis arrivée au petit dieu. Hélas! plus de long bec, plus de longues pattes à échasses, plus de plumes, mais une vilaine petite chose noire carbonisée. D'autres ibis heureusement sont beaucoup mieux conservés.

A une lieue de là, il y a la pyramide en briques crues, haute de deux cents pieds, sur laquelle on lisait autrefois : « Ne me comparez « point avec les pyramides de pierre, car je les

« surpasse autant que Phtha surpasse les « autres dieux. Ceux qui me construisirent « jetèrent des planches dans un lac, et les « ayant retirées avec la boue qui s'y était atta- « chée, ils en firent des briques, et c'est avec « ces briques qu'ils m'ont bâtie. »

On voit de loin les pyramides de Daschour. La plupart sont dégradées. Il y a dans les solitudes d'Abousir, de Daschour et de Sakkarah dix-neuf pyramides.

Je ne parlerai pas davantage des hypogées de Memphis, quoiqu'il y en ait de très-remarquables.

Je n'ai pas vu le lac d'*Achérus*, où le nocher Caron recevait les morts dans sa barque et les transportait sur la rive libyque.

Joseph Moussalli revient : « Y a-t-il des lettres ? » — O mon cœur, comme il bat !... Il y en a dix-sept !

Nous sommes arrivés à Boulack. Nous allons débarquer, on emballe. La vie douce et rêveuse de la cange est finie ; bientôt je prendrai le bâton du pèlerin !...

Je vois que vous vous étonnez que je parle si peu de la Belgique, mais nous faisons entre nous une telle consommation d'enthousiasme, de souvenirs de la patrie et de *savez-vous*, *n'est-ce pas?* que je m'en contente : « *C'est tout comme en Belgique ici*, *savez-vous !* » Cette phrase commence, finit nos journées et y serpente agréablement.

Quelquefois je parle en patois de Mons.

Oh ! vous n'avez rien à me reprocher.

Xiste va de mieux en mieux.

Le Caire, jeudi 10 mars 1864.

L'Esbeykié est rempli de baladins, de chanteurs, du bruit des instruments, d'escarpolettes gigantesques, de cafés improvisés pour les trois jours du Baïram qui marquent la fin du Ramadan. On illumine le soir. Des tentes sont dressées sur le champ des morts pour les femmes, qui paraissent s'amuser beaucoup dans leurs cimetières, et y font de longs repas.

La sobriété néanmoins est grande. Le peuple se nourrit d'un pain sans levain, de fèves, de chair de chameau. Les riches y ajoutent du mouton, du riz, des poulets maigres, éclos dans des fours, des pigeons et toutes sortes de pâtes et de gâteaux au miel et au sucre ; tout cela en petite quantité.

Riches et pauvres mangent des feuilles de laitue, des pois-chiches, des concombres, des oignons.

Je ne sais à quel moment de mon voyage du Nil est partie la caravane de la Mecque. Ce départ est des plus curieux, ainsi que le retour. J'ai le regret de ne pas les voir.

Je rencontre sans cesse au Caire des enterrements et des mariages, cérémonies décrites partout et qui n'ont rien d'imposant : des pleureuses suivent le cercueil porté à bras et sur lequel on a jeté des châles et des étoffes ; des aveugles et des infirmes le précèdent ; les amis et les parents marchent en silence.

Quand la mariée est riche, elle s'avance dans les rues sous un dais. Elle est toujours enveloppée, de la tête aux pieds, dans des voiles impénétrables ; des femmes la soutiennent et la guident.

Je laisse à des plumes habiles à parler de la police, du gouvernement, du progrès réel qui se manifeste ici, des abus et de cette lèpre hideuse de l'Orient qui s'étend d'une manière si effrayante sur l'Europe : *la concussion*.

Je dirai seulement qu'en Egypte, la chose la plus surprenante du monde est un départ de chemin de fer. Il n'y a pas d'heure ; le convoi pour Alexandrie partira aussi bien à huit heures du matin qu'à onze.

Tout le monde connaît la charmante anecdote arrivée il y a un mois. Le train s'arrête, puis rétrograde ; on a une demi-heure de retard. A la station on apprend qu'un des chauffeurs avait perdu son bonnet sur la voie et qu'il était tout simplement allé le rechercher avec le convoi.

Les magasins de la gare étaient encombrés cette année de balles de coton ; un haut personnage, auquel on en parlait, répondit avec simplicité : « Ce sont les cotons des pauvres « cultivateurs ; on attend, pour les faire porter « sur le marché, que ceux des riches proprié- « taires soient écoulés. »

On vole d'une manière très-remarquable.

Un négociant vient de perdre quatre caisses venant de Paris. Il est impossible d'envoyer des colis sans les faire accompagner.

Le Caire, vendredi 11 mars 1864.

Chacun nous félicite sur notre heureux retour et l'harmonie de notre caravane. Il paraît que le Nil aigrit le caractère. Je viens de demander à M. *** des nouvelles de son ami avec lequel il a été aux cataractes.

« — Mon ami, madame, s'est-il écrié, était « une bête féroce qui aurait voulu me dé- « vorer. Nous nous sommes séparés. »

J'ai rencontré l'*ami* pendant la journée. Du plus loin qu'il m'aperçut il cria :

« — Ah, madame! *mon ami* était un bri- « gand qui m'aurait tué comme une mouche ! »

Pendant que nous voguions sur le fleuve sacré, nous vîmes une cange montée par quatre ou cinq Américains qui présentait le tableau fidèle des Etats *désunis* : les Américains descendaient à terre une fois ou deux par semaine pour se boxer et vider leurs querelles. Je voulais leur députer mon drogman pour les prier de livrer leurs combats sur les bords du rivage, de manière à ce que nous pussions y assister de notre cange et couronner le vainqueur; mais mademoiselle de R. m'en dissuada.

Tout le monde parle ici des péripéties d'un Français et d'un Anglais embarqués ensemble pour aller à Ibsamboul, et qui sont revenus il y a un mois sans atteindre même Syout. Leurs consuls respectifs eurent beau les engager à ne pas faire ce voyage en commun, l'un disait :

— « *Môi gé souis Anglais, nothing né mi* « *troubleu.* »

L'autre : « Je suis Français, ne puis-je dire « gai et aimable ; je ferai rire l'Anglais, — je « rirai moi-même. »

Ils partent. Au bout de trois jours il y eut un nuage : l'Anglais se servait toujours le premier, mangeait tous les bons morceaux ; quand il s'était servi, il remettait le plat sur la table, sans s'inquiéter de son compagnon ; il prenait les meilleures places. Les choses s'envenimèrent. Au bout de six jours l'Anglais alla trouver secrètement le pilote, qui parlait sa langue, et lui dit qu'il lui donnerait une guinée par jour si toutes les nuits il retournait à l'endroit d'où on serait parti le matin. Le pilote accepta le marché.

— Bon Dieu! disait le Français en bâillant de toutes ses forces, que je m'amuse!

Au bout d'une semaine il ajouta :

« C'est un peu monotone, ce voyage! Voilà huit jours qu'il me semble voir le même paysage; où donc est Thèbes? »

La nuit ces pensées le tinrent éveillé; il croit sentir la barque tourner, il se lève et d'un coup d'œil comprend toute la vérité. Il appelle le cuisinier :

— « Brave homme, lui dit-il, je te donnerai vingt francs chaque fois que tu n'auras pas fait à dîner à l'Anglais. »

Et il se recoucha.

Le soleil se lève; les heures se traînent, l'heure du dîner arrive. L'Anglais se met seul à table, car depuis longtemps les deux amis mangeaient séparément. On lui sert un grand morceau de pain avec des confitures. Il crie, il gémit; tout est inutile. Chacun proteste qu'on n'a rien pu trouver à six lieues à la ronde.

Le lendemain il y avait des confitures et plus de pain.

— Oh ! fit l'Anglais.

Il descend dans sa cabine, met son habit noir, son gilet blanc, sa cravate blanche, prend son chapeau noir et ses gants jaunes.

Il paraît sur le pont. Après avoir salué trois fois le Français, il lui dit :

— « Môi, môsieu, voudrais avoir la honneu de m'égorger avec vôs.

— Volontiers, mon cher! s'écria le Français. Où ?

— Où vous voudrez.

— Au Caire?

— Au Caire.

Ils convinrent d'y retourner à l'instant, et l'Anglais se retira en faisant encore trois saluts, auxquels le Français répondit par une pirouette. Depuis ce moment la gaieté reparut sur le visage de celui-ci.

Arrivés au Caire, l'*égorgement* ne put avoir lieu ; l'Anglais fut pris de vomissements de sang, dont on croit qu'il aura de la peine à se remettre.

Je ne veux pas oublier dans mes notes que nous devons le phénix aux Egyptiens; ils en firent, croit-on, un symbole de l'immortalité de l'âme. Ils le représentaient de la taille de l'aigle, une belle huppe sur la tête, les plumes du cou dorées, la queue blanche, mêlée de plumes incarnates, et les yeux étincelants. Le phénix se consume aux rayons du soleil, sur un lit aromatique qu'il s'apprête lui-même quand il sent venir sa fin. De sa cendre naît un ver d'où se forme un autre phénix. Le fils rend les honneurs de la sépulture à son père; il l'entoure de myrrhe et le porte à Héliopolis dans le temple du Soleil. — Le phénix naît dans les déserts de l'Arabie, et la fable lui donne cinq ou six cents ans d'existence.

Les voyages, fidèle image de la vie, ont leurs regrets. Le temps me manque; je veux être pour le dimanche des Rameaux à Jérusalem, et il faut abandonner cette terre d'Egypte sans avoir vu bien des lieux célèbres.

Je n'irai pas à Rosette, regardée comme la plus jolie ville à cause de ses palmiers et de ses jardins, sans ordre ni art cependant, car les musulmans considèrent la promenade comme un péché et ne tracent point d'allées dans leurs vergers. Ses charmantes maisons tombent en ruines depuis qu'Alexandrie se relève. La célèbre pierre de Rosette trouvée par les Français en 1799 est aujourd'hui à Londres. C'est un bloc de granit fin et noirâtre, haut d'environ trois pieds et large de vingt-sept pouces, dont la surface antérieure porte trois inscriptions : quatorze lignes d'hiéroglyphes, trente-deux lignes en caractères cursifs de l'ancienne langue égyptienne, cinquante-quatre lignes de grec. C'est un décret porté par les prêtres de Memphis en l'honneur de Ptolémée Epiphane, et traduit en trois langues différentes. A l'aide du grec les savants ont retrouvé l'alphabet égyptien.

Les ruines de Canope, célèbre par son temple de Sérapis et ses Saturnales, sont près d'Aboukir. Qui ne sait le nom d'Aboukir, de Nelson, de Brueys et de Villeneuve (1798) ? Le 25 juillet 1799, Bonaparte, à la tête de six mille hommes, y anéantit une armée turque de dix-huit mille hommes.

En allant vers Alexandrie on trouve Nicopolis, où le général Abercrombie fut tué (1801).

Damiette a de vingt-cinq à trente mille âmes. Il n'y a pas un coin de terre ici qui n'ait vu des combats héroïques, ni de rivages qui n'aient été teints de sang. Saint Louis débarqua sur cette plage en 1249, là où Jean de Brienne avait débarqué lui-même en 1217. Le roi de France planta sa tente d'écarlate à quelques lieues du lac Boulos. Le lac Menzalèh est à l'est. Le souvenir des calamités et des dix-sept mois de siége subis par Damiette sous le roi de Jérusalem fit fuir les habitants et la garnison. Saint Louis entra dans la ville sans coup férir. Les Sarrasins fuyaient dans les ténèbres en disant que : « *li pourcel estoient venus.* »

Quand les Français quittèrent Beyrouth, en 1863, on entendit les Turcs dire de toutes parts : « Les porcs *s'en vont*. » Voilà leur reconnaissance et le changement des temps !

Le feu grégeois, dont des disques flamboyants, « *gros comme des tonneaux*, sembla-
« bles à des dragons volants, retentissaient
« comme la foudre et *avaient une queue d'une*

aune, » épouvantait les croisés qui ne le connaissaient pas. Les chevaliers se jetaient à terre et recommandaient leur âme à Dieu. « Le bon « roi saint Louis, criant à haute voix et pleu- « rant à grosses larmes, disait : *Beau sire Dieu*, « *sauvez-moi et toute ma gent*. »

« Il se fit là, dit une chronique manuscrite, « assez de grandes prouesses et de beaux coups « grands et hardis de part et d'autre ; les Turcs « finissaient toujours par être déconfits ; les « nôtres les chassaient, tuant et abattant jus- « qu'au grand fleuve du Nil ; à cause de la « grande peur qu'ils avaient de la mort, ils « se jetaient dans l'eau ; il y eut grande quan- « tité de Sarrasins de noyés et d'occis de di- « verses manières. »

Qui ne sait l'intrépidité, aussi funeste qu'héroïque, du comte d'Artois qui, ayant passé l'Aschmoun, n'attendit pas l'armée et fut la cause de l'épouvantable désastre de Mansoura.

« Le sang sortait des blessures, dit Joinville, « tout ainsi que d'un tonneau sort le vin. » Il ajoute : « Le heaume du roi de France était « doré et moult bel ; jamais si bel homme « ne vis sous les armes. » Les croisés restés sur la rive opposée de l'Aschmoun, « comme ils « ne pouvaient secourir leurs compagnons, à « cause du fleuve qui était entre deux, tous « petits et grands, criaient à haute voix et « pleuraient, se frappant la poitrine et la tête, « tordaient leurs poings, arrachaient leurs « cheveux, égratignaient leur visage, et di- « saient : Hélas ! hélas ! le roi et ses frères et « toute leur compagnie sont perdus. »

Quand saint Louis apprit la mort du comte d'Artois, il dit : « Que Dieu soit honoré de ce « qu'il nous donne. Mais comme il disait ces « mots, on voyait maintes larmes sur sa face. « Les barons et les seigneurs gardèrent un « morne silence, et tous furent moult oppres- « sés d'angoisse, de compassion et de pitié de « le voir ainsi plorer. »

Les combats recommencèrent, « la crinière du destrier du roy fut toute couverte de feu grégeois, » dit Joinville. Le brave sénéchal de Champagne dut la vie aux Flamands, en grand renom dans l'armée, où on se souvenait des exploits d'Adolphe de Mons et du jeune Lié- geois qui s'élança le premier sur la tour du Nil. — Le roi saint Louis fut fait prisonnier par l'émir Gemal-Eddin, ainsi que ses deux frères (1250). Il vit massacrer Almoedan, le dernier sultan Ayoubite, sous ses yeux, à Pharescour, et en imposa aux révoltés, aux Mamelucks et aux vainqueurs par son invincible courage et sa dignité.

En 1219, l'armée des croisés, occupée au siége de Damiette, avait vu un spectacle touchant et singulier, celui d'hommes qui répondaient, quand on leur demandait d'où ils venaient : « Nous sommes de pauvres pénitents d'Assise, » et qui s'avançaient vers le camp ennemi.

François d'Assise, pris par des soldats, fut conduit devant le sultan Malek-Kamel et lui dit : « Dieu m'envoie pour te montrer la voie du salut. » « Li soudan dist qu'il avait arche-
« vesques et évesques de sa loy, et sans eux ne
« pouvait-il ouïr ce qu'ils diraient. Les clercs
« (saint François et ses compagnons) lui ré-
« pondirent : Mandez les querre, et ils vinrent
« à lui en sa tente. Si leur conta ce que li
« clercs lui avaient dist. Ils répondirent : Sire,

« tu es épée de la loi. Nous te commandons, « de par Mahomet, que tu lor fasses la teste « couper. A tant prirent congé, si s'en allè- « rent. Li soudan demora et li dist clercs, dont « vient li soudan, si lor dist : Seignors, ils « m'ont commandé, de par Mahomet et de par « la loi, que je vous fasse les testes couper, « mais j'irai en contre le commandement. » Malek-Kamel leur fit donner des présents, qu'ils refusèrent ; il leur fit servir à manger, et les renvoya à l'*ost des Chrétiens*.

Le Delta est la plus riche province de l'Egypte ; ses ruines sont célèbres, entre autres Thanis, où habitaient les Pharaons lorsque les Hébreux sortirent d'Egypte pour aller dans la terre de Chanaan. C'est là que Moïse fut exposé sur les eaux, et que mourut Jérémie.

Tous les livres sont remplis de détails sur l'isthme de Suez ; j'ai entendu toutes sortes d'opinions contradictoires, qui m'ont cependant laissé l'impression que le percement est un des plus grands ouvrages, et M. Ferd. de Lesseps un des hommes les plus remarquables qu'il y ait eu. Cet ouvrage colossal a été essayé à trois reprises différentes : sous les Pharaons, sous les Ptolémées et sous Trajan. Le canal existe encore, il devait relier le Nil à la mer Rouge.

Il y a de Londres à Ceylan, en passant par le Cap, trois mille cent quarante-huit lieues, par Suez, mille sept cent cinquante-sept lieues.

De Londres au détroit de la Sonde, par le Cap, trois mille cent quatre-vingt-sept lieues, par Suez, deux mille cent quatre-vingt-douze lieues.

Chacun connaît à présent les noms de Zagazig, Ismaïlia, El-Guisar, du lac Menzalèh, de Port-Saïd, l'antique Péluse, où Pompée, vaincu à Pharsale, fut assassiné par l'ordre du roi d'Egypte, 48 avant J.-C. Ce beau morceau de Plutarque a été ainsi traduit par Amyot :

« Cependant la barque s'approcha, et Septimius se leva le premier en pieds qui salua Pompeius, en langage romain, du nom d'*Imperator*, qui est à dire souverain capitaine, et Achillas le salua aussi en langage grec, et lui dit qu'il passast en sa barque, pour ce que le long du rivage il y avait force vase et des bancs de sable, tellement qu'il n'y avait pas assez eau pour sa galère ; mais en même temps on voyait de loin plusieurs galères de celles du roy, qu'on armait en diligence, et toute la coste couverte de gens de guerre, tellement que quand Pompeius et ceulx de sa compagnie eussent voulu changer d'advis, ils n'eussent plus sceu se sauver, et si y avait d'avantage qu'en monstrant de se déffier, ilz donnaient au meurtrier quelque couleur d'exécuter sa meschanceté. Parquoi prenant congé de sa femme Cornélia, laquelle desjà avant le coup faisait les lamentations de sa fin, il commanda à deux centeniers qu'ilz entrassent en la barque de l'Egyptien devant luy, et à un de ses serfs affranchiz qui s'appelait Philippus, avec un autre esclave qui se nommait Scynes, et comme ja Achillas lui tendait la main de dedans sa barque, il se retourna devers sa femme et son fils, et leur dit ces vers de Sophocle :

« Qui en maison de prince entre, devient serf
« quoiqu'il soit libre quand il y vient. »

« Ce furent les dernières paroles qu'il dit

aux siens, quand il passa de sa galère en la barque : et pour ce qu'il y avait loing de la galère jusqu'à la terre ferme, voyant que par le chemin personne ne lui entamait propos d'aimable entretien, il regarda Septimius au visage, et luy dit : « Il me semble que je te re- « connais, compagnon, pour avoir austrefois « esté à la guerre avec moy. » L'autre lui feit signe de la teste seulement qu'il était vray, sans luy faire autre réponse ne caresse quelconque : par quoy n'ayant plus personne qui dist mot, il prist en sa main un petit livret, dedans lequel il avait escript une harengue en langage grec, qu'il voulait faire à Ptolemæus, et se meit à la lire. Quand ilz vindrent à approcher de la terre, Cornélia, avec ses domestiques et familiers amis, se leva sur ses pieds, regardant en grande détresse quelle serait l'issue. Si luy sembla qu'elle devoit bien espérer quand elle aperceut plusieurs des gens du roy, qui se presentèrent à la descente comme pour le recueillir et l'honorer ; mais sur ce poinct ainsi comme il prenoit la main de son affranchiz Philippus pour se lever plus à son aise, Septimius vint le premier par derrière qui lui passa son espée à travers le corps, après lequel Salvius et Achillas dégainnèrent aussi leurs espées, et adonc Pompeius tira sa robe à deux mains au devant de sa face, sans dire ny faire aucune chose indigne de luy, et endura vertueusement les coups qu'ilz lui donnèrent, en souspirant un peu seulement; estant aagé de cinquante-neuf ans, et ayant achevé sa vie le jour ensuivant celuy de sa nativité. Ceulx qui estoient dedans les vaisseaux à la rade, quand ils apercceurent ce meurtre, jettèrent une si grande clameur, que l'on l'entendoit jusques à la coste, et levant en diligence les anchres, se mirent à la voile pour s'en fouir, à quoy leur servit le vent qui se leva incontinent frais aussi tost qu'ilz eurent gaigné la haute mer, de manière que les Egyptiens qui s'appareilloient pour voguer après eulx, quand ils veirent cela, s'en déportèrent, et ayant coupé la teste en jetterent le tronc du corps hors de la barque, exposé à qui eut envie de veoir un si misérable spectacle. Philippus, son affranchiz, demoura toujours auprès, jusques à ce que les Egyptiens furent assouvis de le regarder, et puis l'ayant lavé de l'eau de la mer, et enveloppé d'une siene pauvre chemise, pource qu'il n'avait autre chose, il chercha au long de la grève, où il trouva quelque demourant d'un vieil bateau de pescheur, dont les pieces estoient bien vieilles, mais suffisantes pour brusler un pauvre corps nud, et encore non tout entier. Ainsi comme il les amassoit et assembloit, il survint un Romain, homme d'aage, qui en ses jeunes ans avoit esté à la guerre sous Pompeius. Si lui demanda : Qui es-tu, mon amy, qui fais cet apprest pour les funérailles du grand Pompeius? Philippus luy respondit qu'il estoit un sien affranchy. Ha, dit le Romain, tu n'auras pas tout seul cest honneur, et te prie, veuille moy recevoir pour compagnon en une si saincte et si dévote rencontre, afin que je n'aie point occasion en tout et partout de m'estre habitué en pays étranger, ayant, en récompense de plusieurs maulx que j'y ai endurez, rencontré au moins cette bonne adventure de pouvoir toucher avec mes mains et aider à ensepvelir le plus grand capitaine des Romains. Voilà comment Pompeius fut ensepulturé.

« Il ne passa guère de temps après que Cæsar n'arrivast en Egypte ainsi troublée et étonnée, là où lui fut la teste de Pompeius présentée; mais il tourna la face arrière pour ne la point veoir, et ayant en horreur celui qui la lui présentoit comme un meurtrier excommunié, se prit à plorer. Bien prit-il l'anneau duquel il cachetoit ses lettres, qui lui fut aussi presenté, et où il y avoit engravé en la pierre un lion tenant une espée. Mais il feit mourir Achillas et Potinus : et leur roy mesme Ptolemæus, ayant esté desfait dans une bataille au long de la rivière du Nil, disparut de manière qu'on ne sceut oncques puis qu'il étoit devenu. »

De Suez on va au Sinaï! Je ne puis dire quel est mon regret d'être forcée d'y renoncer.

Le couvent de Saint-Paul était bâti au pied d'une montagne de laquelle on voyait au nord-est le Sinaï, et la mer Rouge à l'est. Le seigneur d'Anglure dit : « Passé ladite mon-
« tagne et près de la Rouge mer est l'abbaye
« où monsieur Saint-Pol, premier hermite,

« demouroit ; cette abbaye est très-bien close « et bien fermée de bons murs, et l'entrée « d'icelle abbaye est devers icelle mer Rouge. « Là sont bien soixante frères demourants, « lesquels à notre advis sont pareils aux frères « de Saint-Antoine, c'est à sçavoir de bonté et « d'habits, car ils nous firent très-bonne « chiere, et nous receurent moult doucement « et benignement. Ces bons frères se leverent « au milieu de la nuit, et estoient si diligents « de nous servir et de nous appareiller chaudes « viandes, comme si chacun d'eux deust ga- « gner cent ducats. En icelle diste abbaye y a « belle petite chapelle, laquelle est bas en « dévalant plusieurs degrés sous une roche. « Illec demeuroit Saint Pol en faisant sa péni- « tence. »

Le bon pèlerin de la Champagne vit cou- chés sur les bords du Nil d'*énormes serpents appelés coquatrix* (crocodiles), et il avait « vu trotter sur le sable plusieurs ostruches aux plumes noires. »

Les cénobites de Saint-Paul accompagnaient leurs chants en frappant avec un maillet de bois sur des pierres noires longues d'un demi-pied. Le bruit en était lugubre et austère. Le seigneur d'Anglure alla encore au monastère de Saint-Antoine à deux journées du Caire. « Il y avait là, dit-il, une belle petite église « dans un grand pourprine tout clos et bien « fermé de murs à manière d'une forteresse. « Il y avait encore attenant à ladite église une « tour de retrait ; si estoient ceans en ceste « abbaye bien trente frères demourants faisant « le service de Notre-Seigneur, et sembloient « être moult bonnes et dévotes personnes. »

Dieu tira saint Antoine de ce lieu, « parce « que, dit le seigneur d'Anglure, il était trop « delectable pour faire pénitence, et Dieu « manda par un ange à son serviteur d'aller « habiter un autre lieu dans le désert à trois « lieues du Nil. Nous allasmes à la seconde « habitation de monsieur saint Antoine, or « sachez que illec y a belle, forte et grande « maison, et bien clauses de murs hauts et « épais comme forteresse, et céans a très- « belle église et moult dévote et belle demou- « rance pour les frères et pour loger les pele- « rins. C'est grande noblesse de veoir le beau « lieu et le beau jardin et la belle et bonne

« fontaine qui est dedans; et qui sert par aval « ladite maison et abbaye. Quant au jardin, « c'est belle chose à voir icelui et avec ce, tout « y est bien ordonné et labouré, et verdoyant « d'arbres et d'herbes, qui moult réjouissent, « quand on les veoit en si désert lieu. Dans « cette diste abbaye sont residens et demou- « rans cent frères et plus, lesquels mennent « très-sainte et très-bonne vie, car en nul « temps ils ne boivent vin, ne jamais ne man- « gent chair ne poisson, ne vestissent drap de « lin, et, en vérité, ils montrent bien qu'ils « soient bonnes gens, car ils font très-bonne « chiere aux pèlerins. »

On pénètre par une gorge étroite dans le Fayoum, pays enchanteur, couvert de riches moissons et de rosiers fleuris. On y trouve le lac Mœris, le labyrinthe et Arsinoë, la ville des crocodiles.

Les savants ne sont pas d'accord sur l'emplacement du lac Mœris, creusé de main d'homme et qui avait soixante-quinze lieues de circonférence; on l'a confondu longtemps avec le Birket-el-Karoun. La pêche du lac Mœris produisait dix-huit cent mille francs, affectés aux parfums et à la parure des reines d'Egypte.

Le labyrinthe était près du lac et de Crocodilopolis.

Le labyrinthe, construit en commun par les douze rois d'Egypte qui régnaient ensemble, avait douze cours couvertes, deux étages, trois mille chambres et une pyramide qui existe encore, ainsi qu'une partie des chambres. Une cour centrale a près de deux cents mètres de long sur cent soixante mètres de large.

On avait creusé un canal de cinquante lieues de long et de trois cents pieds de large, qui allait du lac Mœris au Nil.

Crocodilopolis était au sud de Memphis.

Le Wadi-Natroun est à vingt-deux heures du Caire. On peut y aller par le fleuve sans eau Bahr-bela-Mâ. Ses lacs sont au nombre de dix ou quinze; deux produisent le natron (sous-carbonate de soude). La végétation de la vallée est rare; on y voit des roseaux, des tamariscs, des joncs épineux, etc. Le célèbre monastère de Saint-Macaire et trois autres couvents coptes élèvent dans cette solitude leurs murs d'enceinte, hauts de quarante pieds.

Au moment de quitter l'Egypte, je refais, par la pensée, ce beau voyage du Nil que, hélas ! je ne reverrai jamais. Le point le plus éloigné où je suis allée est Philée. Ibsamboul est au-delà de la première cataracte, je ne l'ai pas vu. Sur la façade du temple d'Hator à Ibsamboul, Sésostris avait fait graver qu'il le destinait à l'usage de *Nofré-Ari, la royale épouse qu'il aima.* — Et dans l'intérieur on lit sur l'architrave : « *Sa royale épouse qui l'aime, Nofré-* « *Ari, la grand'mère, a construit cette demeure* « *dans la grotte de la Pureté.* » Les six caryatides de la façade ont trente-six pieds de hauteur. Elles représentent Ramsès Meïamoun, Nofré-Ari et leurs enfants à leurs pieds.

Les pilastres de l'intérieur sont décorés de chapiteaux à tête d'ibis. Trois salles sont creusées dans le flanc du rocher.

La façade du second temple est décorée de quatre statues de Ramsès, de vingt mètres de hauteur, taillées dans le rocher même et coiffées du pschent.

Le travail est fait de main d'ouvrier, l'expression noble et superbe. On ne manque jamais de remarquer une corniche composée de vingt-deux figures de singes accroupis. Quatre salles successives ont plus de soixante mètres de profondeur. Dix chambres latérales sont également creusées dans le rocher; huit colosses soutiennent la première salle, et quatre la dernière; ils représentent la triade Amoun, Ra et Ptha, puis Sésostris.

Avant les Perses, sous les Pharaons et les Ptolémées, il y avait en Egypte vingt-cinq millions d'habitants. On comptait jusqu'à vingt mille villes. Aujourd'hui il n'y a plus qu'un million cent mille habitants.

Le Caire, samedi 12 mars 1864.

Nous partirons demain dimanche, et nous nous embarquerons lundi sur le *Dupleix* à

Alexandrie pour Jaffa. Vingt-quatre heures de rude pénitence. Nous serons le 19 à Jérusalem!...

Hélas! le désert m'appelait de toutes ses voix! Que ne donnerais-je pas pour le traverser, pour entendre son immense silence et me sentir séparée des amours-propres mesquins, des vices et de la lâcheté des hommes; — pour être seule avec Dieu!

La cour de l'hôtel de l'Europe est remplie des préparatifs d'une caravane qui va traverser le Grand-Désert; elle est composée de quatre dames, dont deux sont âgées, et d'un monsieur. Ils mettront quarante-cinq jours pour arriver à Jérusalem. Les dames âgées monteront dans de petites huttes doublées de vert, portées par des dromadaires; les jeunes auront sur leurs dromadaires des selles et des tapis. Les tentes sont ravissantes.

Pharaon a couru mainte et mainte fois, avec ses petites pattes embourbées, sur mon journal. Il me met ses petits doigts dans l'œil et dans l'encrier. Sa santé me donne quelques inquiétudes : le petit Nubien a froid au Caire. — On voit des Nubiens trembler, grelotter et mourir de la poitrine ici,

Le soir.

On me dit qu'il y a deux jours de cheval de Jaffa à Jérusalem. J'y serai, j'espère, pour la fête de saint Joseph !

Alexandrie, lundi 14 mars 1864.

Vous vous imaginez bien, ô Français nés malins, que l'horrible *Dupleix* est perplexe, et ne sait quand il partira : est-ce à Pâques ou à la Trinité? Les affiches, les agences, les consuls avaient dit lundi 14.

Je suis partie du Caire le dimanche matin 13, Dieu sait dans quelle bagarre et dans quelle presse : courir à la messe, empaqueter *Pharaon*, courir à la station, trouver là des flots vociférants de fellâhs qui se ruent sur les billets; voir ce grand combat et un désordre toujours croissant; le train doit partir à huit heures, à neuf heures nous n'étions pas en voiture. Voilà le commencement de la journée.

Enfin, en sept heures, après quelques cahots inquiétants, nous arrivons au lac Salé, puis à Alexandrie. Alexandrie! qui produisit tant de saints, tant de docteurs, qui fut si docte elle-même dès les Ptolémées; qui vit Flavius Josèphe écrire l'*Histoire des Juifs*, et les *Septante* dans ses bibliothèques, dont les manuscrits étaient plus nombreux que les feuilles des arbres, n'a plus qu'un dieu : le veau d'or. C'est le lieu des fortunes rapides et louches.

Après mon arrivée, j'envoyai à l'agence des Messageries; décidément le *Dupleix* ne sait quand il partira. Il attend le bateau français qui amène la caravane de Terre-Sainte.

Puisque j'ai du temps, je laisse courir ma plume. Voici les idées de madame Waudru, cet excellent ministre des finances : Envoyer *Pharaon* en France; quant à ce drogman que je me suis adjoint pour la Syrie, elle ne s'en remettra jamais : « *c'était si inutile ;* » et Moussalli ayant donné vingt-cinq sous à l'homme qui est venu l'éveiller ce matin, l'indignation est à son comble.

Alexandrie, mardi 15 mars 1864.

Je ne sais ce qu'est devenu le *Dupleix*, mais le fait est que nous sommes à bord du *Labourdonnaye*, grand et doré, mais pauvre marcheur, dit-on, et dans ce moment il ne marche pas du tout. A sept heures et demie ce matin, Moussalli a heurté avec une bûche, je crois, à notre porte, disant que le bateau allait partir. Nous nous sommes levées comme des folles; *Pharaon* lui-même a jeté la boîte d'épingles en l'air, s'est emparé de ma montre, a bu dans le pot au lait et a emporté mes petits paquets au haut des rideaux. L'hôtel de l'Europe retentissait de clameurs, les malles volaient sur les escaliers, on courait, on criait. Nous nous sommes jetées en voiture. A l'embarcadère j'ai trouvé des Français qui refusaient de donner un bachich aux douaniers, et nous en avons fait autant. Ces Français étaient courroucés, et leur récit m'a fait rire : à leur entrée à Alexandrie, ils avaient donné dix francs de bonne main aux douaniers ; les dix francs empochés, ceux-ci leur prirent leur provision de tabac.

Même date, Alexandrie, onze heures du matin.
A bord du *Labourdonnaye*.

On vient de dire qu'il se pourrait que le bateau ne partît que demain, parce que le courrier n'est pas arrivé. Mademoiselle de R. et madame Waudru, déjà malade, sont retournées à terre avec le drogman. On ne parle que français. Un prêtre de l'Œuvre de Terre-Sainte est venu me dire qu'on m'avait recommandée à lui. Je lui demanderai son nom. Il ira chercher mes lettres à l'arrivée du courrier. — Oh ! s'il y en avait !

Midi.

Le courrier est arrivé ; nous partirons à trois heures. Il y avait une lettre d'Albert.

Je suis assise sur le pont, depuis de longues heures, au milieu du port et d'une forêt charmante — pour qui aime les voyages — de mâts et de cordages. Le courrier a amené la caravane française. Il me semble que j'avais oublié ce type français au milieu des ibis immobiles et des sphinx silencieux. Les pèlerins de France s'élancent à l'abordage avec gestes et paroles en abondance, et frais éclats de rire. Ils sont armés jusqu'aux dents.

En mer, mercredi 16 mars 1864.

Le remue-ménage français ne cessa qu'avec les balancements de la mer. Nous eûmes deux heures d'agonie, chacun crut mourir. Au bout de deux heures terribles à voir, tout se calma et la mer devint un miroir immense et tranquille. Le *Labourdonnaye*, qui était destiné d'abord à faire le service de l'Inde, est excellent et commode, les lits sont larges, la cuisine appétissante même pour des cœurs soulevés; seulement on ne marche pas.

M. Jacques de Bouillé, le fils des amis aimables et distingués de mes amies de Versailles, fait partie de la caravane. Je suis bien aise de cette rencontre.

Au dîner, M. de la M., président de la caravane française, demanda au capitaine s'il avait entendu parler d'assassinats.

« — Dieu m'en préserve ! répondit l'excellent homme.

— Le bruit court à Paris, reprit M. de la M., qu'une comtesse a été assassinée dans la Haute-Egypte, et que les personnes qui l'accompagnaient sont réduites en esclavage. J'ai son nom dans mon calepin, et je suis chargé de prendre des renseignements.

— Voici, dit quelqu'un en me montrant, une dame qui revient de la Haute-Egypte. »

M. de la M. : « — Me permettriez-vous, madame, de......

— J'ai ouï dire, monsieur, que des dames hollandaises, mesdames T......., qui voyagent au-delà de Kartoun, sont tombées malades.

— Ce n'est pas ce nom-là. Permettez-moi, madame, d'aller chercher mon calepin. »

M. de la M. revint ; il dit le nom. Je restai comme une pierre : c'était le mien !

« — Madame, ajouta-t-il, oserai-je vous demander où sont vos compagnons de voyage?

— Monsieur, je vous présenterais volontiers à mademoiselle de R., mais elle est légèrement souffrante dans sa cabine; madame Waudru l'est horriblement, et Xiste se promène plein de vie en seconde. Rassurez les Parisiens! »

A bord du *Labourdonnaye*, mercredi 16 mars 1864.
En vue de Jaffa.

Nous venons de jeter l'ancre et nous attendons le signal pour débarquer!

Huit heures du soir.

FIN.

DU MÊME AUTEUR :

LETTRES D'ESPAGNE

1 vol. in-12. — Prix : 3 francs.

SOUS PRESSE :

VOYAGE EN PALESTINE

JÉRUSALEM

1 vol. in-12. — Prix : 3 francs.

Imprimé par Charles Noblet, rue Soufflot, 18.

www.ingramcontent.com/pod-product-compliance
Ingram Content Group UK Ltd.
Pitfield, Milton Keynes, MK11 3LW, UK
UKHW021054270726
13967UKWH00012B/1092